场地规划设计成本优化：房地产开发商必读

西安建筑科技大学　赵晓光　著

U0725530

中国建筑工业出版社

图书在版编目(CIP)数据

场地规划设计成本优化：房地产开发商必读/
赵晓光著. —北京：中国建筑工业出版社，2011.4（2022.11重印）
ISBN 978-7-112-13017-7

Ⅰ.①场⋯ Ⅱ.①赵⋯ Ⅲ.①场地—设计—
成本控制 Ⅳ.①TU201

中国版本图书馆 CIP 数据核字(2011)第 047625 号

场地规划设计成本优化：房地产开发商必读

西安建筑科技大学 赵晓光 著

*

中国建筑工业出版社出版、发行(北京西郊百万庄)
各地新华书店、建筑书店经销
北京鸿文瀚海文化传媒有限公司制版
北京建筑工业印刷厂印刷

*

开本：850×1168毫米 1/32 印张：4¼ 字数：120千字
2011 年 6 月第一版 2022 年 11 月第三次印刷
定价：**29.00**元
ISBN 978-7-112-13017-7
（39416）

本书从系统思维的角度，用通俗易懂的语言、独具匠心的插图、翔实鲜活的事例，介绍场地规划设计成本优化的精要。

主要内容包括：精要、绪论、前前后后守程序、里里外外看环境、上上下下提条件、大大小小化矛盾、多多少少算投资、长长短短省周期、婆婆妈妈调利益和结语等。

本书在国内首次深入浅出地介绍场地规划设计成本优化的要点，既是房地产开发商培训教材，又可供城建技术干部、规划管理者、规划师、建筑师、景观师和总图工程师等使用，并可供高等院校建筑学、城市规划、景观学和相关专业教学参考。

*　　*　　*

责任编辑：张　建　刘　静
责任设计：张　虹
责任校对：陈晶晶　王雪竹

策　　划：赵晓光

培　　训：陈东辉　百锐地产大讲台

　　　　　卢卫东　百锐中国地产研究所

技　　术：肖丹琳（以姓氏笔画为序）

　　　　　王　榕　刘　涌　刘文麒　林斯平

　　　　　党春红　韩子峰

创　　意：任文玲

执　　笔：赵晓光

插图绘制：赵晓光　杨建辉

图片摄影：赵晓光（除注明者外）

图片加工：杨建辉

校　　对：杨建辉　姜学方　邓向明　陈　磊

　　　　　邵小东

部分打字：任文玲

序

    《场地规划设计成本优化：房地产开发商必读》一书是赵晓光老师主编的"场地规划设计普及读物"系列丛书的第一本。它的出版标志着场地规划设计这门学科，已从高等学府的神圣殿堂走向通用化、平民化、普及化并注重实用的道路，这种变化值得高兴，也值得庆贺。

    场地规划设计是一门涉及场地平面设计、竖向设计、场地整理、土方平衡、景观环境、生态保护和投资成本等诸多领域的综合性、实用性的工程技术科学。赵晓光老师总结其积累了近三十年的工程实践和教学经验，去伪存真、裁冗取精，以科学的思维方式进行梳理、整合、提升，并先后出版了多部场地规划设计方面的专著，其中有些专著还成为相关专业注册资格考试的重要参考用书。这些努力为推进场地规划学科领域的进步和我国城市建设方面的健康发展作出了积极的贡献。作为她多年的师长，看到她克服各种困难，艰苦拼搏，持之以恒，精益求精而取得的如此丰硕的成果，感到由衷的敬佩和高兴，并预祝她继续努力，更上一层楼，取得更大的辉煌。

陕西省、西安市、咸阳市规划委员会成员
西安建筑科技大学教授   吕仁义

谨识于
2010 年 11 月 27 日

目　录

精　　要

一根本——整合

两意识——忧患意识、优化意识

三符合——符合程序、符合规定、符合深度

四个新——新变化、新挑战、新思维、新方法

六作用——科学避险、环境品质、工程成本、建设周期、生态保护、社会效益

八避险——防震、防火、防海潮、防江（河）洪、防内涝、防山洪、防滑坡、防泥石流

十控制——道路、管线、边坡、挡土墙、土石方量、排雨水、防排洪、不良地质处理、新地质灾害、施工异常

绪　　论

一、审时度势四个新

改革开放之后随着社会进步和时代发展，国家经济体制从计划经济变为市场经济，国家政策从关注当前利益迈向可持续发展，从资源消耗到建设节约型社会（合理利用和节约能源、水资源、材料、土地，低碳，发展循环经济，保护环境），建设项目从有序变为三边工程（边设计、边报建、边施工），国家发展战略从国内建设到国际援建，要求规划设计与国际接轨，从城市建设到新农村建设，从东部到西部，从关注局部到把控全局的战略评估，提高工程建设的科学性（图 0-1）。

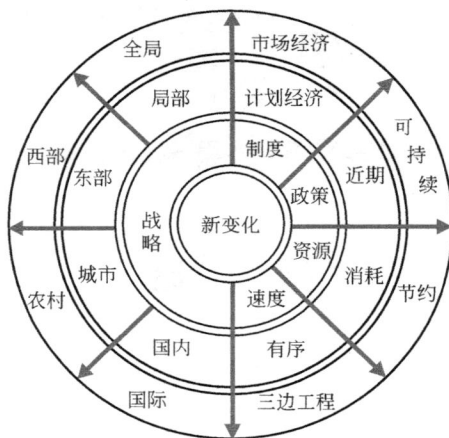

图 0-1 新变化

因此，开发项目的位置从市区到郊区和郊外，从平原到丘陵和山地，从地质好到地质较差的场地，其规模从单体、小群体到大规模群体，相应地，场地设计的难度和复杂性大为增加（图 0-2）。

如今，人类与自然的关系从人定胜天到尊重和顺应自然；从关注当前利益到关注可持续发展；从对资源的无限制开发利用，到依环境特性、规范开发及环境保护措施；从对自然灾害处理的强化工程复建与反复修护，到还地于自然、管理重于治理，断源在先，防患未然。人在做，天在看（图 0-3）。

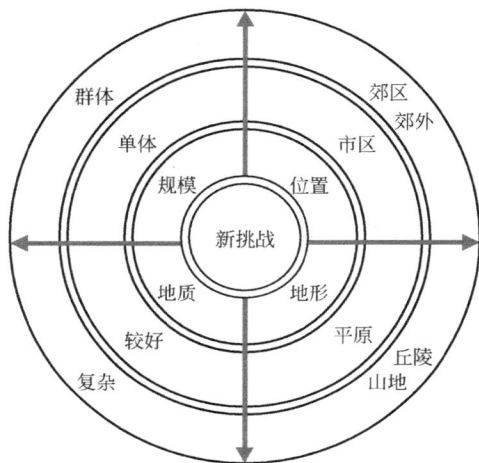

图 0-2　新挑战

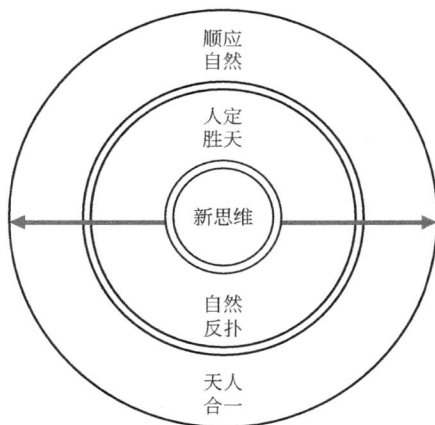

图 0-3　新思维

平原、丘陵、山地的设计思路不同(图 0-4)。

坡地(丘陵和山地)项目开发时，注重科学避险、环境品质、工程成本、建设周期、生态保护和社会效益的综合控制(图 0-5)，除了有关土地的商业投资开发范畴之外，最主要的关键点便是其工程技术性问题。房地产项目发展过快，对场地规划设计的认识不足。不出事则已，若出事便是大事。要想少走弯路、少吃大亏，需要理论和技术上的支持。

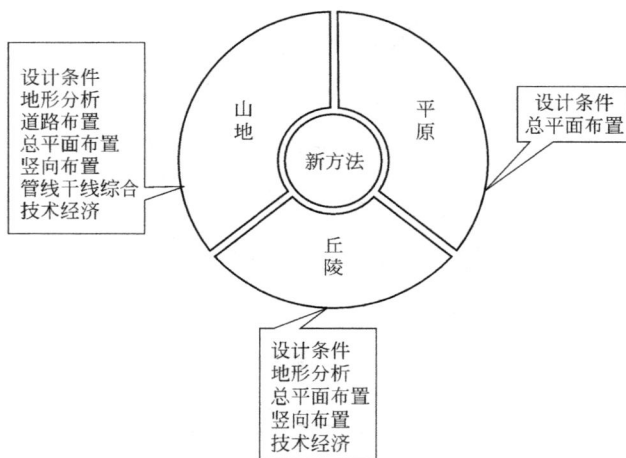

图 0-4　新方法

图 0-5　六种作用

6

二、场地规划与设计

在欧美和我国台湾地区，称场地规划设计为敷地计划，而我国的高等院校称该专业为总图设计与工业运输，在工业建设领域称总图运输专业，在民用建筑领域称总图专业。

场地规划设计在工业腾飞中起了巨大的作用，在城市建设中也卓有成效。一是科学避险，杜绝安全隐患（图 0-6）；二是控制设计成本，省力省时省材，保证投资效益、工程质量、整体品质、全局把控、后期维护，使规划设计能顺利报批、变动少、可实施、零灾害、可持续发展；如果不重视场地规划设计，将对生命、财产、经济、工期、企业名誉、生态环境造成严重危害。如果考虑不全、一盘散沙、外行协调，会使场地安全性下降，造成成本增加。场地规划设计人员从规划设计到施工管理，自始至终全程参与，是企业难得的专业技术顾问。

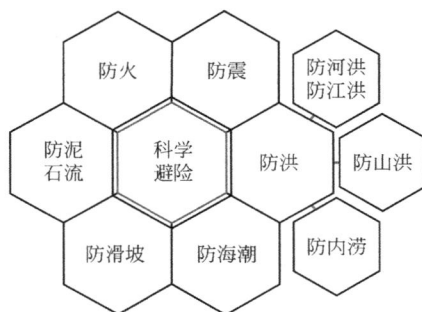

图 0-6　科学避险

场地规划设计的特点是：大综合、难重复、不可逆和可预见。除建、构筑物内部之外，建设项目红线范围内所有工程设施都要进行四维（X、Y 为坐标，Z 为标高，T 为分期建设）定位设计。

规划师、建筑师、景观设计师和总图工程师皆可进行场地规划设计，各有所长，各有侧重。国家重大项目、群体项目、坡地项目的立项、前期和方案确定时，应由四种人员合作完成，并听

取结构师意见(图 0-7)。从头配合，事半功倍；否则，先天不足，
后期难补。

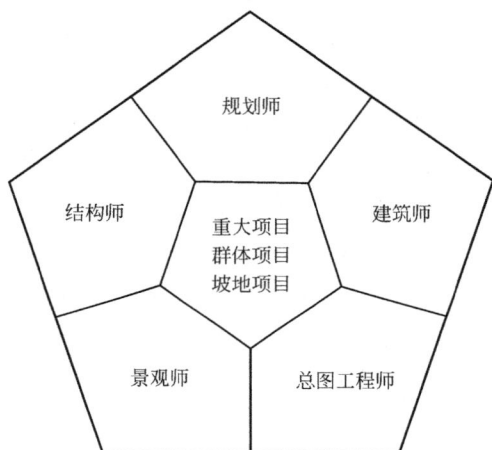

图 0-7　不可或缺

场地构成要素如图 0-8 所示：

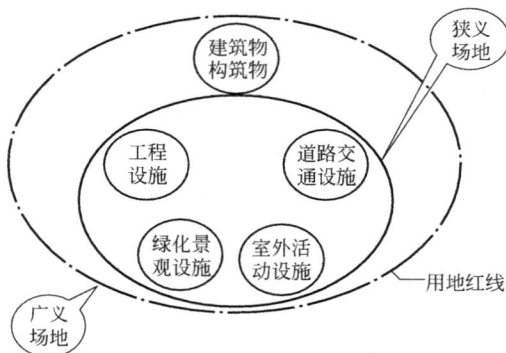

图 0-8　场地构成要素

三、建议

山地项目场地工程成本接近总投资的一半，为控制投资，确

保安全，应根据需要单独签署室外总体设计合同(图 0-9)，确保设计质量。

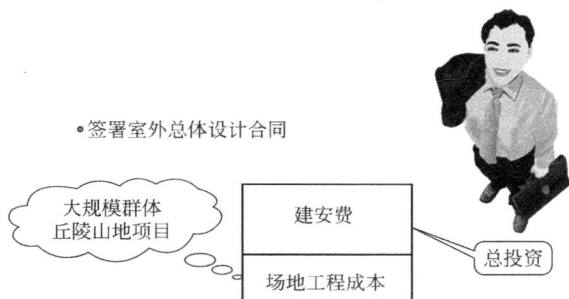

• 签署室外总体设计合同

大规模群体丘陵山地项目

建安费

总投资

场地工程成本

• 配备总图管理者

图 0-9　室外总体设计签约

没出事，不在意。

出大事，悔莫及。

经失败，得教训。

看灾难，避危机。

第一讲　前前后后守程序

一、开发程序

房地产开发阶段与程序如图 1-1 所示。其中黑点表示场地设计参与的内容。

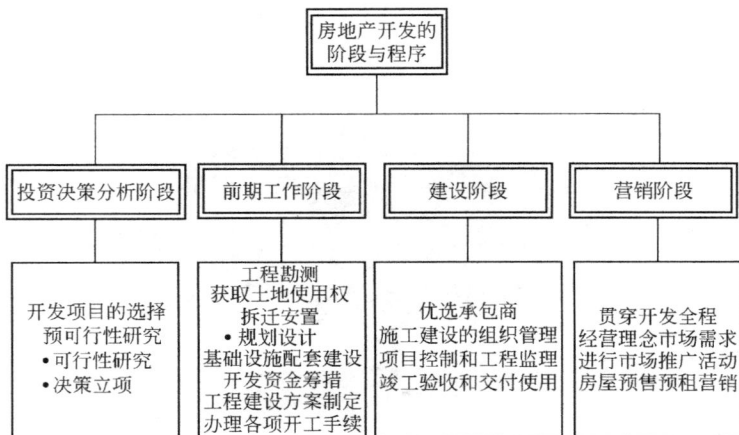

图 1-1　房地产开发阶段与程序

（1）建设项目立项阶段：场地设计人员要参与编制项目建议书（预可行性研究），用于项目立项，报国家发改委或省、市、县政府主管部门审批。

（2）建设项目选址阶段：当项目无地址时，规划设计单位要完成选址论证意见。场地设计人员要进行场址选择，进行选址论证，提出选址技术条件及选址用地范围，用于项目建设和项目选址意见书的审批。

（3）建设用地规划阶段：当项目有地址未定点时，设计单位要完成建设工程设计方案或修建性详细规划。场地设计人员要参与建设工程规划方案制订，绘制建设工程设计总平面图和相关说明，提出用地定点技术条件和用地定点范围，用于建设用地规划许可证的审批。

（4）建设工程规划阶段：当项目地点确定后，场地设计人员要进行建筑设计的方案设计、初步设计和施工图设计。

二、规划程序

《城市规划编制办法》第四十三条规定，修建性详细规划应当包括下列内容：

（1）建设条件分析及综合技术经济论证。

（2）建筑、道路和绿地等的空间布局和景观规划设计，布置总平面图。

（3）对住宅、医院、学校和托幼等建筑进行日照分析。

（4）根据交通影响分析，提出交通组织方案和设计。

（5）市政工程管线规划设计和管线综合。

（6）竖向规划设计。

（7）估算工程量、拆迁量和总造价，分析投资效益。

《全国民用建筑工程设计技术措施 规划·建筑·景观2009》（图1-2）指导各类民用建筑工程修建性详细规划的总平面设计。

图1-2 技术措施

三、设计程序

《建筑工程设计文件编制深度规定》（图1-3）指导方案设计（如图1-4所示）、初步设计（图1-5）、施工图设计（图1-6），《民用

建筑工程总平面初步设计、施工图设计深度图样》（图 1-7)可参
照使用。

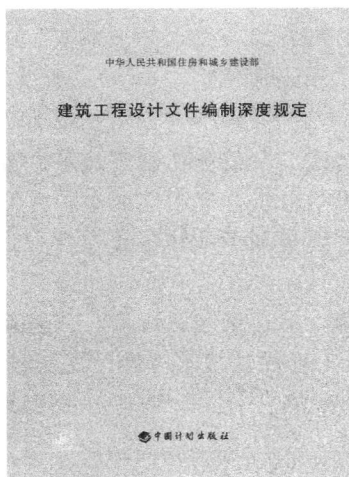

图 1-3　深度规定

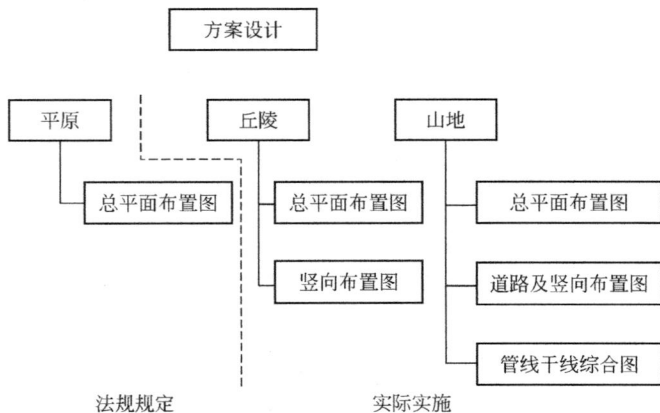

图 1-4　方案设计内容

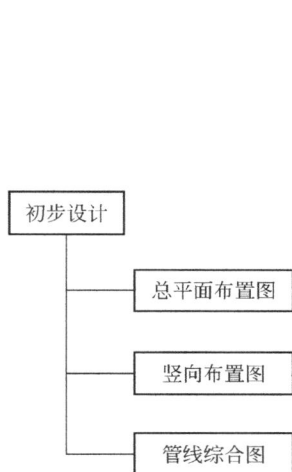

图 1-5　初步设计内容

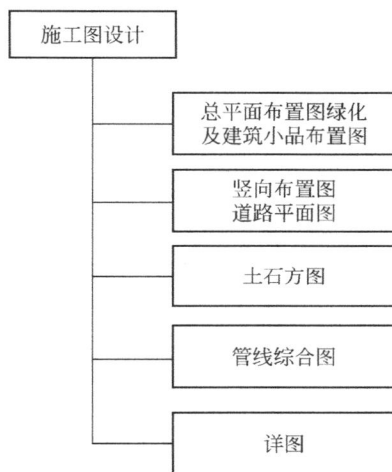

图 1-6　施工图设计内容

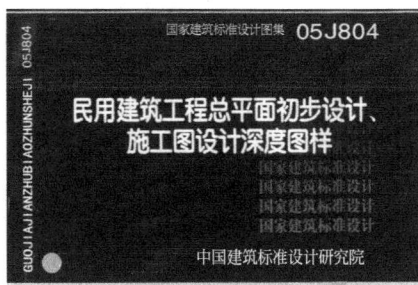

图 1-7　深度图样

　　施工图按出图顺序如下：土石方图、总平面布置图、竖向布置图、管线综合图和各类结构详图。

守程序，给周期。

懂配合，善管理。

第二讲　里里外外看环境

一、城市环境

项目选址是一项包括政治、经济、技术的综合性工作（图 2-1），必须符合所在地区、城市、乡镇总体规划，贯彻国家建设的各项方针政策。

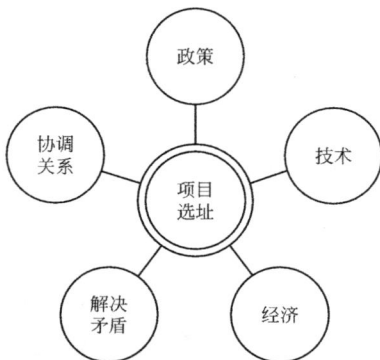

图 2-1 选址涉及工作

各项法规如下：

《中华人民共和国河道管理条例》

《中华人民共和国环境保护法》

《水库大坝安全管理条例》

《中华人民共和国水土保持法》

《中华人民共和国城市房地产管理法》

《中华人民共和国建筑法》

《基本农田保护条例》

《中华人民共和国防洪法》

《中华人民共和国气象法》

《中华人民共和国军事设施保护法实施办法》

《中华人民共和国水法》

《中华人民共和国土地管理法》

《中华人民共和国防汛条例》

《中华人民共和国城乡规划法》

《中华人民共和国消防法》

实例 2-1：

2010 年 5 月 13 日，深圳市龙岗区法院正式启动了对"海上皇宫"的拆除工作。"海上皇宫"漂浮在距离深圳市区 50 多公里的南澳东山湾海域上（图 2-2，图 2-3）。据称建设耗资近亿元，内部装修极为奢华。建设公司在未取得海域使用权的情况下建设"海上皇宫"，属于违法占用海域行为。

图 2-2 "海上皇宫"全景
（来源：网络）

图 2-3 "海上皇宫"局部
（来源：网络）

实例 2-2：

某城市在靠长江的江滩上，建起了一个占地为 80 亩、长达 1000m、面积 72000m^2、投资达 1 亿多元的"外滩花园"。广告词为"我把长江送给你！"其第一期工程 1998 年竣工：2 栋公寓楼，11 栋别墅，1 栋办公楼，共计 23000m^2，投资约 5000 万元。第二期工程 2001 年竣工：5 栋公寓楼，共计 49000m^2，大约投资 6000 ～7000 万元。第一期工程正式开工于 1997 年 4 月，1998 年 10 月全部竣工。这一经有关部门立项、审批的住宅开发项目建成仅 4 年，经国家防汛抗旱总指挥部发文认定，"违反国家防洪法规"并被强制爆破（图 2-4），造成直接经济损失达 2 亿多元，拆除和江滩治理等方面的费用更让政府付出了数倍于其投资的代价。

图 2-4 "外滩花园"被拆除
（来源：网络）

实例 2-3：

华南地区某旅游有限公司在一处别墅区投资 600 万，建筑底层架空，共 49 栋别墅，其中 37 栋建在水库的泄洪区内（图 2-5）。2005 年 7 月受"海棠"台风的影响，该别墅被全部冲毁（图 2-6）。

图2-5　2004年8月别墅受灾前　　　图2-6　2005年8月别墅受灾后
　　　（来源：网络）　　　　　　　　　　（来源：网络）

居住项目选址应注意远离各种有灾害的地区地段，可参考《工业企业总平面设计规范》（GB 50187—93)中的规定执行：

厂址应具有满足建设工程需要的工程地质条件和水文地质条件。

厂址应满足工业企业近期所必需的场地面积和适宜的地形坡度。并应根据工业企业远期发展规划的需要，适当留有发展余地。

厂址应位于不受洪水、潮水或内涝威胁的地带；当不可避免时，必须具有可靠的防洪排涝措施。

凡位于受江、河、湖、海洪水、潮水或山洪威胁地带的工业企业，其防洪标准应符合现行国家标准《防洪标准》（GB 50201—94)的有关规定。

城市的等级和防洪标准　　　　　　　　　表2-1

等级	重要性	城市人口（万人）	防洪标准［重现期(年)］		
			河(江)洪、海潮	山洪	泥石流
Ⅰ	特别重要的城市	≥150	≥200	100～50	＞100
Ⅱ	重要的城市	150～50	200～100	50～20	100～50
Ⅲ	中等城市	50～20	100～50	20～10	50～20
Ⅳ	一般城镇	≤20	50～20	10～5	20

下列地段和地区不得选为厂址(图2-7)：

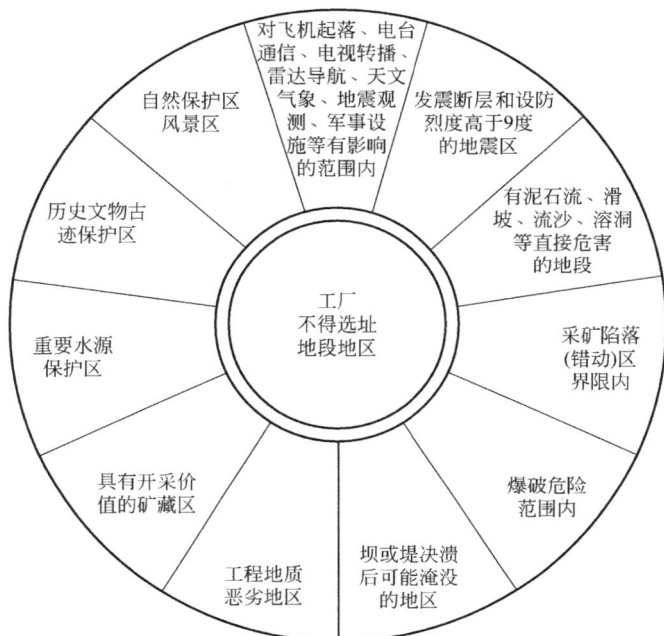

图 2-7　工厂不得选址的地段地区

（1）发震断层和设防烈度高于 9 度的地震区；

（2）有泥石流、滑坡、流沙、溶洞等直接危害的地段；

（3）采矿陷落（错动）区界限内；

（4）爆破危险范围内；

（5）坝或堤决溃后可能淹没的地区；

（6）重要的供水水源卫生保护区；

（7）国家规定的风景区及森林和自然保护区；

（8）历史文物古迹保护区；

（9）对飞机起落、电台通信、电视转播、雷达导航和重要的天文、气象、地震观测以及军事设施等规定有影响的范围内；

（10）Ⅳ级自重湿陷性黄土、厚度大的新近堆积黄土、高压缩性的饱和黄土和Ⅲ级膨胀土等工程地质恶劣地区；

（11）具有开采价值的矿藏区。

其中，对建筑抗震有利的地段包括开阔平坦地带的坚硬场地土或密实均匀的中硬场地土。对建筑抗震不利的地段包括条状突出的山嘴、孤立的山包和山梁的顶部、高差较大的台地边缘、非岩质的陡坡、河岸和边坡的边缘；软弱土、宜液化土、河道、断层破碎带、暗埋塘浜沟谷或半挖半填地基；在平面分布上成因、岩性、状态明显不均匀的地段。

开发商应落实三件大事（图 2-8），并掌握空气污染、噪声污染情况。

图 2-8　三件大事

实例 2-4：

2008 年 9 月 8 日早上 7 时 50 分左右，违法生产的山西襄汾县新塔矿业公司尾矿库突然溃坝，约 20 万 m^3 混杂着矿渣的泥水从 100 多米的半山腰狂泻而下，顷刻间吞没了 1.5km 长、数百米宽的地带，其中包括新塔矿业公司办公楼、部分民居和一个乡村集市。根据国家安监总局、环保部的规定，尾矿库不宜位于工矿企业、大型水源地、水产基地和大型居民区上游，而此次塔山尾矿库距离集贸市场、村庄都仅有 1km，这也是致数十人死亡的重要原因(图 2-9，图 2-10)。

图 2-9　寻找幸存者
（来源：网络）

图 2-10　泥石流过后
（来源：网络）

实例 2-5：

2010 年 5 月 18 日下午 4 时许，位于广州市天河区广汕路火炉山内一灌溉用小型水库突然发生溃坝事故，近万立方米水库蓄水夹杂泥沙倾泻而下，导致下游方圆数公里范围内泥水侵袭，广汕路两边的工厂、商铺及宿舍区均未能幸免（图 2-11）。

图 2-11　溃坝后水流飞泻而下
（来源：网络）

实例 2-6：

2010 年 7 月 28 日的洪灾中，吉林省桦甸市常山镇大河水库发生溃坝，约 400 万 m^3 的洪水短时间内奔涌而下，冲毁了下游的 5 个村子，造成巨大的人员伤亡和财产损失。

实例 2-7：

2010 年 3 月 10 日 1 时 30 分左右，陕西省子洲县县城西约 1km 的双湖峪镇双湖峪村石沟发生山体滑坡灾害（图 2-12、图 2-13），44 人被压埋，当地政府进行了持续紧张的搜救，在 10 日凌晨就有 16 人获救生还。到此新闻发稿，这次灾害造成 26 人遇难，搜救工作结束，现场搜救人员已撤离。

图2-12 子洲山体滑坡新闻1
（来源：网络）

图2-13 子洲山体滑坡新闻2
（来源：网络）

实例2-8：

2002年6月9日凌晨2点10分左右，在陕西省宁陕县四亩地镇，洪水夹杂着原木、石块经过上游蒲河大桥的短暂拦截，形成近20m高的洪峰，在与山体的冲撞之后，以更加迅猛的速度冲向四亩地镇，将该镇洗劫得面目全非。居住了500多人的四亩地街在这场洪灾中有108人被洪水夺去了生命（图2-14）。

图2-14 四亩地镇消失了
（来源：网络）

实例2-9：

2009年8月9日，"莫拉克"台风降临台湾，小林村近四百人瞬间被泥石流埋没（图2-15，图2-16）。

图2-15 受灾前的小林村
（来源：网络）

图2-16 受灾后的小林村
（来源：网络）

实例 2-10：

2010 年 8 月 7 日 22 时许，甘肃省甘南藏族自治州舟曲县(图 2-17)出现持续强降雨天气，暴雨造成舟曲水文站下游 100m 处的罗家沟发生泥石流，堵塞白龙江，舟曲县城部分被淹，县城主街道春江广场至东街口泥石流堆积达 2m 多深；县城内大部分住宅楼居民滞留在楼顶等待救援。县城东西主干道电力、交通、通信中断，部分房屋损毁(图 2-18)。

图 2-17　受灾前的舟曲县
（来源：网络）

图 2-18　受灾后的舟曲县
（来源：网络）

二、基地四邻

设计前要充分认识环境，了解场地内部与外部情况、现状条件和规划动向，如图 2-19 所示。

知场地
知四邻
知现状
知规划

图 2-19　四 "知"

了解场地周边的情况，应从城市道路与大型公共基础设施、市政管线接口、四邻用地性质及地面标高和相邻已有建筑等情况入手，逐一落实，如图 2-20 所示。

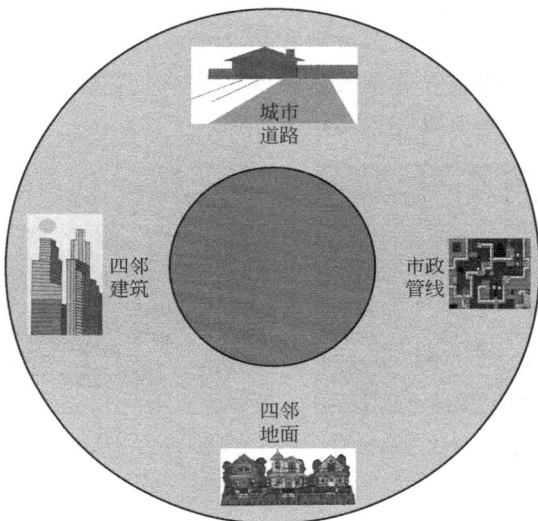

图 2-20　外部条件

大规模群体场地边界长，关系复杂，四邻有城市基础设施时，如铁路、地铁、轻轨车站等，要收集相关设计资料，处理好边界关系。如果场地高而城市基础设施低，特别要落实场地自身雨水和污水的排放条件，一旦这些基础设施建成，难再改变。另外，别墅群与高尔夫球场通常也是一高一低，同样要协调处理好雨水、污水排放问题。

实例 2-11：

某项目场地内有华东电网高压线，不能埋地，如考虑高压线走廊就无法使用，最后把高压线改走，成本约 4000 万元，与电力部门沟通历时两年。

实例 2-12：

某机场附近的项目建了高层建筑后，影响机场信号接收，致使夜航停飞几个月。

实例 2-13：

某海军招待所附近的项目建设时，未知其内有雷达信号接收设备，在建高层建筑施工一段时间后，被迫终止。

三、基地内部

不同场地项目建设难度比较   表 2-2

	平原项目	丘陵项目	山地项目
地形	高差不显	高差较大	高差极大
地质			变化多，构造复杂 不良地质处理费用巨大
道路	坡小，构图美	有坡，短直	长、陡、绕、难，需优化
建筑	最佳朝向	朝向灵活	朝向多变、户型丰富 房与地、房与路关系复杂
竖向	平坡式 支挡少，不高	混合式 支挡多，较高	台阶式地面繁杂变化多 支挡长、多、高，需优化
土石方			数量巨大，分期、分区平衡需优化
防排洪			排洪沟、截水沟施工组织
管线			长、井多，需优化

预计场地处理成本，考虑项目投资大小。

城市用地定额指标   表 2-3

	$(V_{挖}+V_{填})$/用地面积（万 m^3/hm^2）
平原	<1
浅、中丘	1~2
深丘、高山	2~3

注：引自《四川建筑》第 22 卷 3 期(2002.8)中《关于城市用地竖向规划技术标准指标的探讨》一文。

实例 2-14：

如果项目的用地面积为 $80hm^2$，土石方总量预计：在平原建设时不到 80 万 m^3，在丘陵建设时为 80～160 万 m^3，在山地建设时为 160～240 万 m^3。

> 不违规，慎选址。
>
> 绝后患，省巨资。

第三讲　上上下下提条件

规划设计条件如图 3-1 所示。

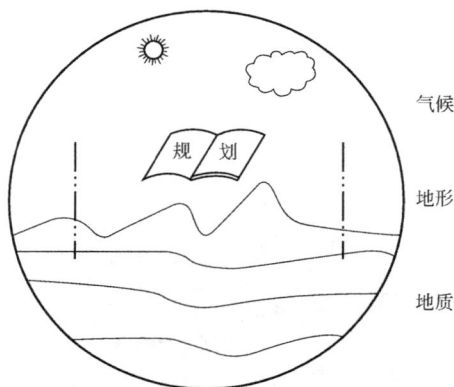

图 3-1 设计条件

一、地形条件

用地红线范围内外的地形应准确、完整、清楚，丘陵和山地应在用地红线之外扩大 100~500m 以便进行防排洪设计。当现状与地形图有明显的区别时，应补测地形图。开发商应该对资料进行甄别。部分图例如图 3-2 所示。

地物	符号	地物	符号	地物	符号
高压线	4.0	冲沟	3.5	山谷	115 110 105
斜坡	a 3.0 b	水塘	水	山脊	115 110 105
陡坎	a 1.5 b 3.0	树林	1.5 a 3.0⊙ 0.7 b 3.0♦ 0.7	坟地	a 5 b 2.0 2.0
陡崖	a b	石块地		坑穴	2.3 1.5

图 3-2 部分图例

实例 3-1：

某景区广场施工图设计时，勘测的用地红线的坐标如图 3-3 所示，而电子地形图中用地红线的坐标如图 3-4 所示，A 点位置不同；此外，任意高程基准起算点的高程值低了 1.67m。经设计人员发现和及时调整，才没有影响施工图设计和周期。

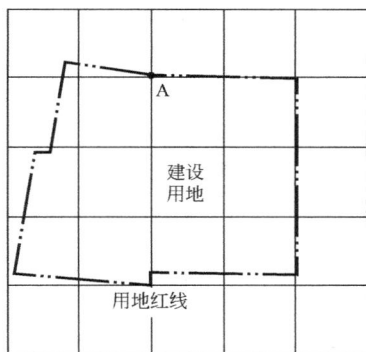

图 3-3　位置正确

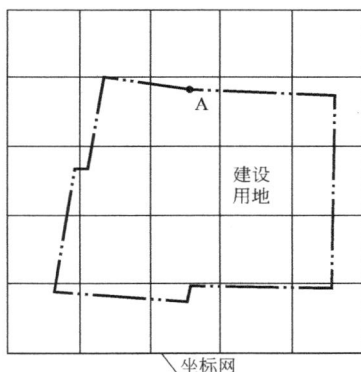

图 3-4　位置错误

实例 3-2：

某项目实测和补测的地形图均不能满足设计要求，严重耽误设计周期和规划方案报建时间，还造成规划方案和施工图竖向设计多次返工，土石方量与施工方实际工程量相差太大。

实例 3-3：

某项目补测地形图时只限于用地红线范围内，致使设计进行了几年多还无法作场地的防洪设计。

丘陵和山地项目应作地形分析，内容有：

高程分析——最高点、最低点、最大高差；

坡度分析——8%、8%～25%、25%以上；

坡向分析——南坡、北坡、东坡、西坡、平坡；

自然排水分析——分水岭、山脊线、山谷线、冲沟。

其中，坡度分类标准应按当地规划管理部门的规定执行。

表 3-1 坡度分类标准参考值(%)

分类		一类	二类	三类	四类		
中国大陆地区	规划	0~8	8~15	15~25	>25		
	设计	<10	10~25	>25			
中国台湾		<5	5~15	15~30 独栋双并联栋住宅	30~45 低密度住宅群,台阶式	45~55 低密度住宅群	>55 禁建
美国		0<i≤5	5<i≤15	i>15	i>25 禁建		

实例 3-4：

某项目的地形分析成果如下：

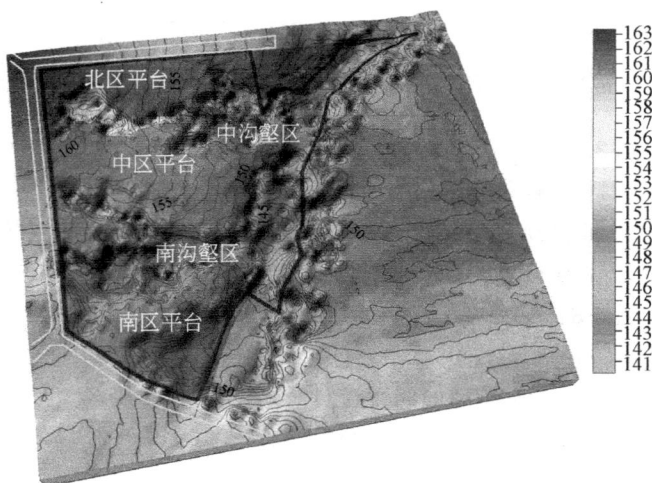

图 3-5　高程分析

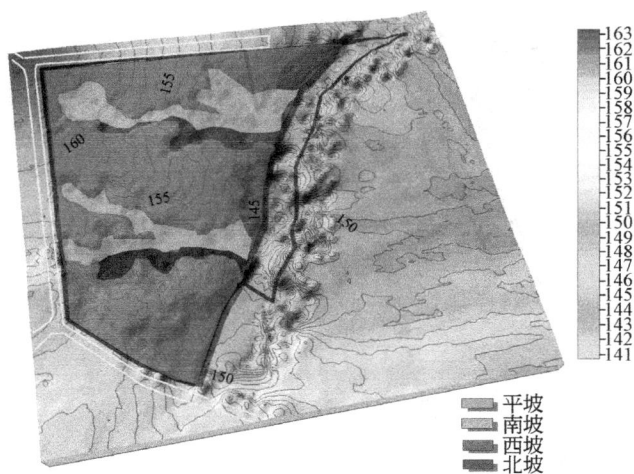

图 3-6 坡向分析

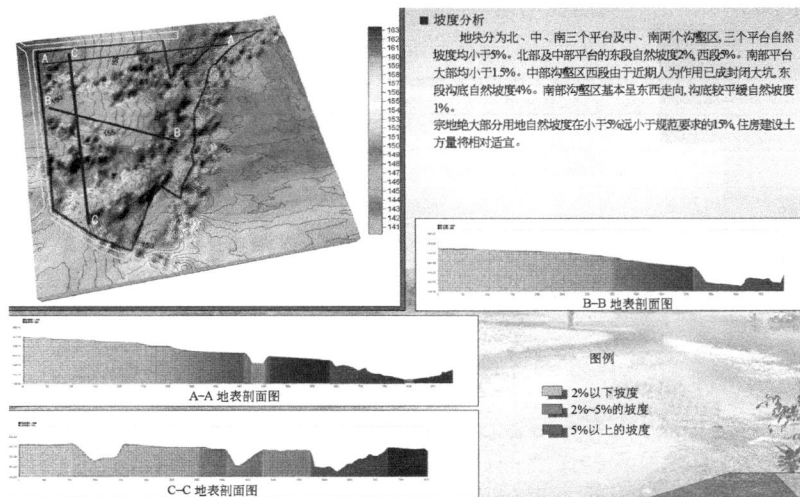

■ 坡度分析

　　地块分为北、中、南三个平台及中、南两个沟壑区，三个平台自然坡度均小于5%。北部及中部平台的东段自然坡度2%，西段5%。南部平台大部均小于1.5%。中部沟壑区西段由于近期人工作用已成封闭大坑，东段沟底自然坡度4%。南部沟壑区基本呈东西走向，沟底较平缓自然坡度1%。

　　宗地绝大部分用地自然坡度在小于5%远小于规范要求的15%住房建设土方量将相对适宜。

B-B 地表剖面图

A-A 地表剖面图

C-C 地表剖面图

图例

- 2%以下坡度
- 2%~5%的坡度
- 5%以上的坡度

图 3-7　坡度分析

图 3-8　景观价值分析

实例 3-5：

某项目的用地评定如表 3-2 所示，有 50.8％的场地适宜建筑布置，32.4％的场地布置时应结合地形，尽可能减少工程量，而 16.8％的场地不适宜作为居住用地，或者必须结合地形设计单体户型。

某项目用地评定表　　　　　　　　　　　表 3-2

用地分类	用地坡度（％）	面积（hm²）	比例（％）
一类用地	0～10	6.81	50.8
二类用地	10～25	4.34	32.4
三类用地	＞25	2.25	16.8
合计		13.4	100

建筑结合地形的方法如下：

1. 顺等高线

条件允许时，使建筑物长轴顺等高线（图 3-9），可以节省工程量。

如果建筑保持南北向（图 3-10），在东向坡、西向坡、东南坡和西南坡上，工程量会增加。

如果把建筑物的不同单元定成台地，可以减少工程量，但入户路不能进车（图 3-11）。

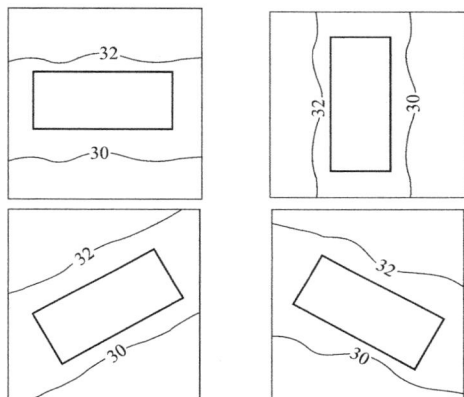

图 3-9　朝向多变

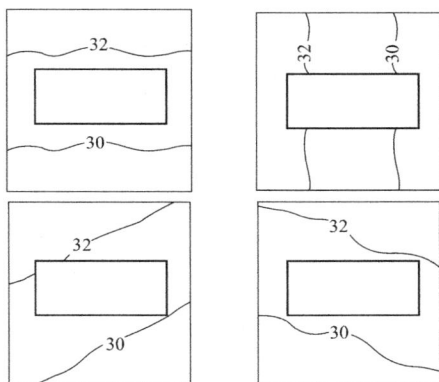

图 3-10　南北朝向

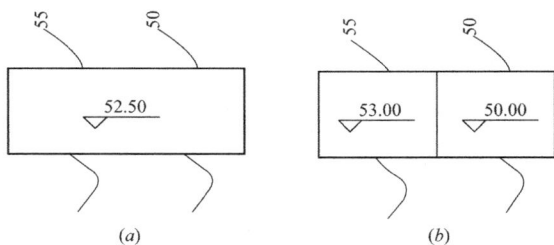

图 3-11　成本不同

(a)成本大；(b)成本小

实例 3-6：

华北地区某项目别墅设计顺等高线布置（图 3-12），可以节省工程量。

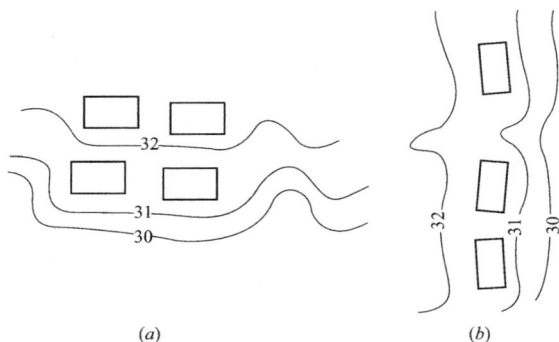

图 3-12 顺山就势

(a)南向坡；(b)东向坡

实例 3-7：

华东地区某项目别墅设计如图 3-13 所示布置，建筑基本呈南北向布置，其中西北角的建筑不顺等高线，工程量会增加，而如图 3-14 所示布置时，建筑基本垂直等高线，切山高度 20m，其成本巨大。

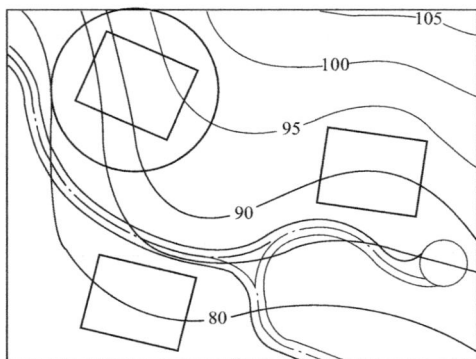

图 3-13 成本增加

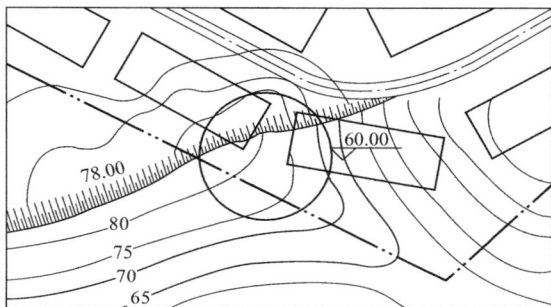

图 3-14　成本巨大

2. 避沟谷坎

建筑物布置应避开冲沟、谷和陡坎，以节省基础费用。

实例 3-8：

西北地区某小区项目用地面积 9.4hm²，总高差约 70m，场地内有如图 3-15 所示的冲沟，深度约 20m，填平后布置道路和广场绿地。

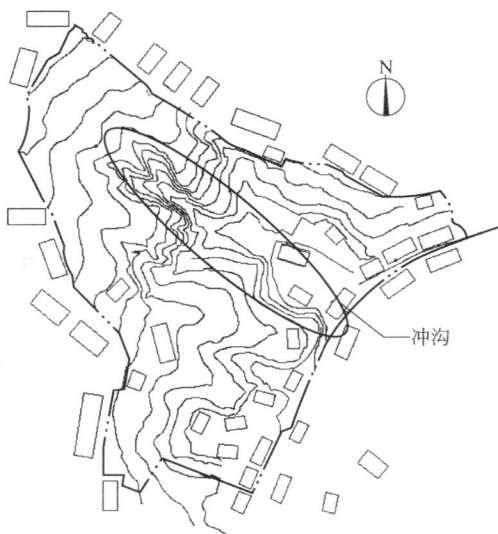

图 3-15　冲沟

一般水沟在断水后可填平，如图 3-16(*a*)所示，建筑物布置在沟外最好；如果建筑物布置在沟内，如图 3-16(*b*)所示，可以设置地下室来减少回填土方量；如果水沟有长流水，如图 3-16(*c*)所示，建筑物则需特殊设计；建筑物一半在沟内、一半在沟外，如图 3-16(*d*)所示，会使基础设计复杂。

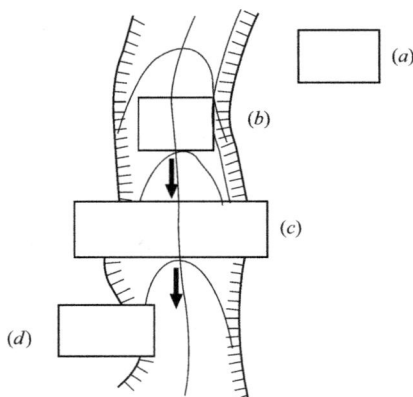

图 3-16　小沟

(*a*)在平地；(*b*)在沟内；(*c*)有流水；(*d*)一半在沟内一半在平地

已有边坡视上下高差各异而占地宽度不同，如图 3-17 所示

图 3-17　坡坎

时，其高差为 56.48m－36.63m＝19.85m，除场地平整时全部挖去外，在建筑物布置时最好避开，以减少基础设计难度。

已有边坡在用地外时，如图 3-18 所示，建筑物退用地红线后布置，对其下缘没有造成开挖，边坡是稳定的。

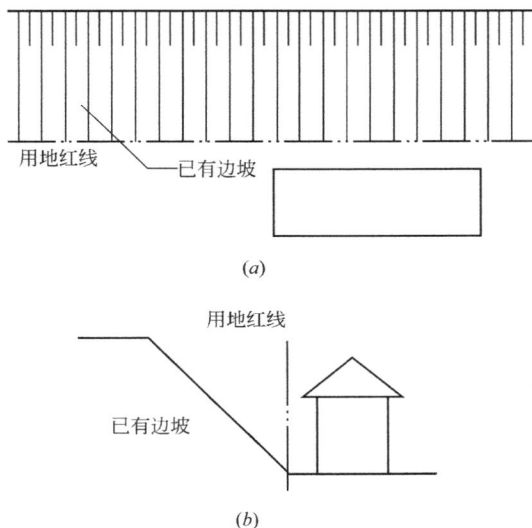

（a）

（b）

图 3-18　已有边坡在用地外
（a）平面图；（b）剖面图

已有边坡在用地内时，如图 3-19 所示，如果仅按一般退后用地红线要求布置建筑物，必然开挖已有边坡下缘，从而需增加挡土墙稳定坡脚，尤其是当已有边坡高差很大时，成本会剧增。

3. 看高压线

郊区场地里常有高压线，要看清其图例符号（图 3-2），共有几条，核实电压等级，根据其走向和位置，留出相应的防护间距或高压走廊宽度，其间不能布置建筑物。如需移走，应与供电局协商解决。

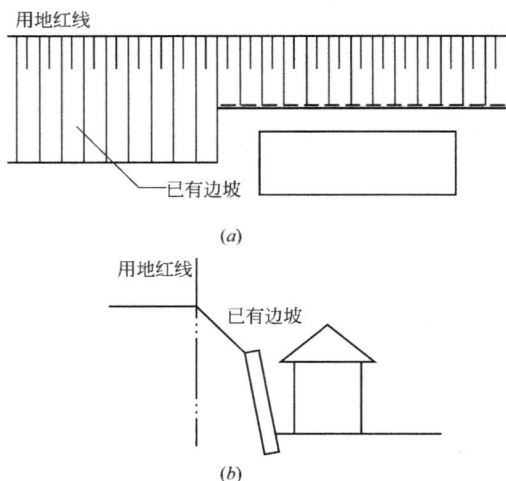

(a)

(b)

图 3-19 已有边坡在用地内

（a）平面图；（b）剖面图

4. 慎切陡坡

建筑物和道路与地形坡度的关系见图 3-20 所示。在 5％以下且范围不太大时，地形可以整平，成本较小，能够承受，见图 3-21，称为平坡式。

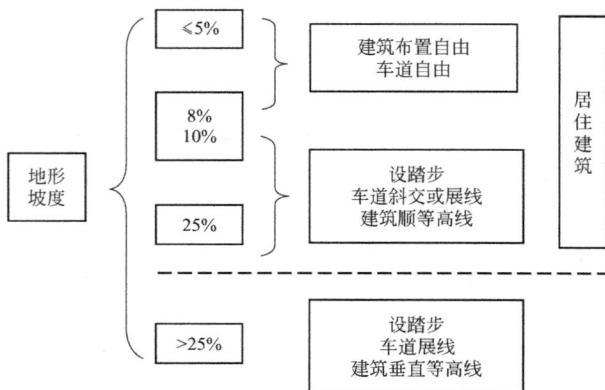

图 3-20　坡度与建筑和道路

图 3-21 平坡式(来源：网络)

在 8%～25%时可以整平成多个台地，以节省成本，见图 3-22，称为台阶式。保持山体原有风貌，地势高低、原有位置不变。避免挖山成池，平地造山，建筑功能与地形不结合，仅追求视觉效果，根本颠覆环境。

图 3-22 台阶式(来源：网络)

在 25%以上时，不宜作为居住建筑用地，建筑物应避让。如果难以避开，其后必须修建很高的挡土墙，如图 3-23 所示。如果决定要开挖，则需进行地质灾害危险性评估，检查岩石是否为顺向坡，是否有滑动层。如果没有，只是花巨资修建高切坡挡土墙；反之，不能对山体进行开挖。

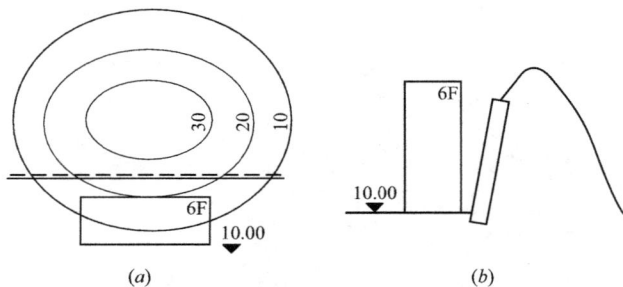

图 3-23 建筑物切陡坡

(a)平面图；(b)剖面图

5. 灵活变通

使用功能要灵活，不要死板。

实例 3-9：

西南地区某项目设计时，在山上顺等高线布置了几栋别墅，又在相邻的大沟里修建了一个游泳池，为使用方便，两者高差定为 5m，结果在游泳池南侧，需花巨资修建一个高度接近 25m 的挡土墙，如图 3-24 所示。在此，应降低游泳池设计标高，从而降低了挡土墙的高度，从而节省其成本。

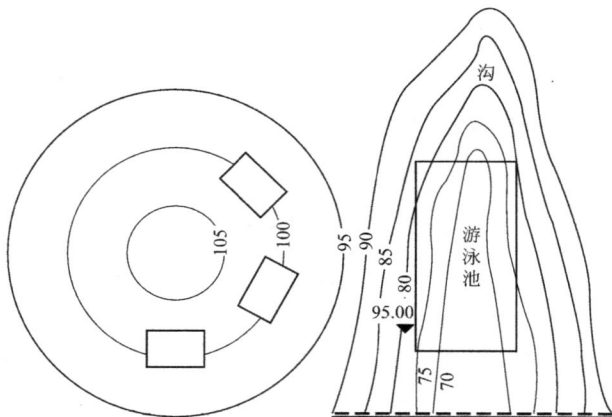

图 3-24 灵活变通

6. 多做户型

户型多，单体设计费用高，户型少，工程成本高。而户型与地形结合不好，会导致返工、无法施工。

地形坡度超过 25％时，应结合地形设计单体的户型，使其基底处于不同的标高上，依山而建，从道路一侧或向上升高（图 3-25）、或向下降低（图 3-26），可以减少场地土石方量和相应的边坡或挡土墙的成本。

图 3-25 上坡户型(来源：王紫晔)

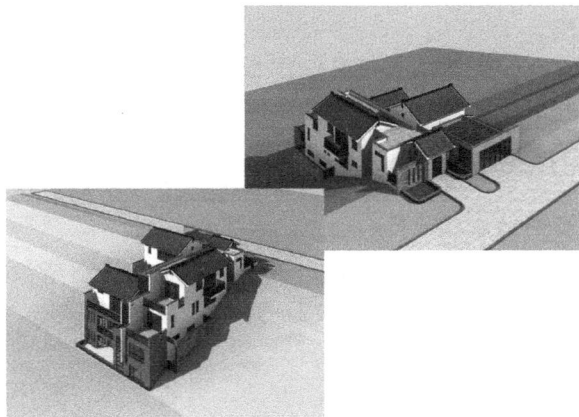

图 3-26 下坡户型(来源：王紫晔)

7. 勿求规则

丘陵和山地等高线千变万化，布局过于规则，如图 3-27 所示，用建筑物硬切山体，对环境破坏大，成本高。

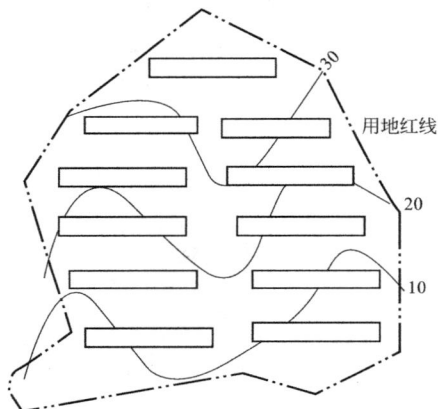

图 3-27 建筑布局过于规则

二、地质水文

重要性：规避风险、保证场地安全。

山区地质情况复杂、多变，受多种因素制约，地质勘察资料准确性的保证率较低，勘察主要结论失误造成边坡工程失败的现象不乏其例。

地质水文的依据是工程勘察技术报告书。一般由结构专业负责委托勘察单位对建筑物的基础地质进行勘察，当场地出现高边坡和高挡土墙时，总图工程师应参与委托地质勘察的工作。地质报告包括场地岩土条件，场地岩土条件评价、结论与建议，要阅读和明确场地地质情况，确认是否有不良地质。

不良地质有：软土、湿陷性黄土、膨胀土、沼泽、冻土、地下水位高、地面沉陷、地裂缝、崩塌、滑坡、泥石流、危岩、冲沟、岩溶、地震和海啸等。

可能发生崩塌地段——崖高壁陡、岩石多缝、龇牙咧嘴、脚下堆石。

可能发生滑坡地段——树如弯刀、林木似醉、面呈阶梯、脚空缝多。

可能发生泥石流地段——山高土厚、岩石破碎、形状漏斗、沟狭水急。

地形面的倾斜方向和地层层面倾斜方向一致的坡地，在中国台湾被称为顺向坡(图 3-28)。顺向坡若加上不当的人为开发，岩层很容易沿着层面发生滑动而造成山崩。因此，开挖前必须做好地质灾害危险性评估。

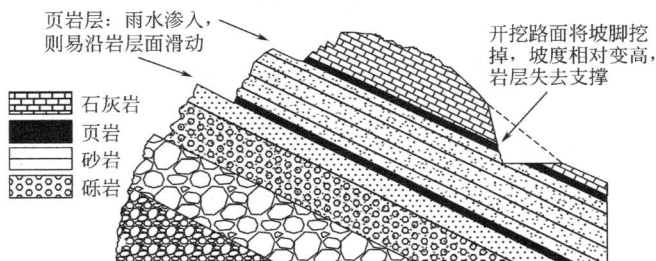

页岩层：雨水渗入，则易沿岩层面滑动

石灰岩
页岩
砂岩
砾岩

开挖路面将坡脚挖掉，坡度相对变高，岩层失去支撑

图 3-28　顺向坡示意图

实例 3-10：

2008 年 11 月 23 日，广西凤山县发生一起特大地质灾害事故，事故发生在距县城约五六百米的凤山至巴马二级公路上，约四五万立方米的石方塌下，约 300 多米的路面被填埋。造成 6 栋楼房、19 间房屋被埋(图 3-29，图 3-30)。

图 3-29　广西凤山县塌方 1
（来源：网络）

图 3-30　广西凤山县塌方 2
（来源：网络）

实例 3-11：

台湾福尔摩沙高速公路近基隆路段于 2010 年 4 月 25 日山崩，大量土石崩落将路面覆盖。据报道，现场巨石不断滚落，覆盖范围长达 200m，宽 100m；面积足有两个足球场般大，泥石堆积高达六七层楼高。公路局表示，事发路段没有施工工程，平常监测也没有发现异状，估计可能因为连日大雨，导致土石崩塌（图 3-31，图 3-32）。

图 3-31　台湾高速公路山崩 1
（来源：网络）

图 3-32　台湾高速公路山崩 2
（来源：网络）

项目建设还要警惕山上的大石头是否有潜在危险，应及时处理。曾有巨石砸毁房屋、砸人致死的事件发生（图 3-33，图 3-34）。

图 3-33　山坡上的巨石
（来源：网络）

图 3-34　汶川境内国道 213 线彻底
关大桥被巨石砸断（来源：网络）

大量的建筑边坡失稳事故的发生，无不说明了雨季、暴雨过程、地表径流及地下水对建筑边坡稳定性的重大影响，所以建筑边坡的工程勘察应满足各类建筑边坡的支护设计与施工的要求，并开展进一步专门的、必要的分析评价工作，因此提供完整的气象、水文及水文地质条件资料，并分析其对建筑边坡稳定性的作用与影响是非常重要的。

必要的水文地质参数是边坡稳定性评价、预测及排水系统设计所必需的，为获取水文地质参数而进行的现场试验必须在确保边坡稳定的前提下进行。

在丘陵、山区选择场址和考虑建筑总平面布置时，首先必须判定山体的稳定性，查明是否存在产生危岩崩塌的条件。实践证明，这些问题如不在选择场址或可行性研究中及时发现和解决，会给经济建设造成巨大损失。

三、气候条件

重要性：异地设计，即项目异地、设计人员异地。

设计依据是统计资料，主要包括风象、日照、降水、湿度、气压、雷击、积雪和雾等。前三项对场地设计影响最大。关于降水的主要指标有：平均年总降水量（mm）、最大日降水量（mm）、最大暴雨强度、最大历时，影响场地防洪（山洪、河洪）的设计，还影响场地排雨水的设计。现场踏勘时，要收集气象资料，观察场地自然排雨水能力及水流方向。

我国日降雨量见图 3-35，项目施工时注意采取措施避免场地被淹没。

我国各种地质灾害的分布特点如下。

台风：沿海重、南方重。

洪水：东部多，西部少；沿海多，内陆少；平原低地多，高原山地少；山脉东坡和南坡多，西坡和北坡少。

雨涝：东部平原地区地势低平，雨季河流排水不畅。范围广，发生频繁，突发性强，而且损失大。

风暴潮：辽东湾到北部湾沿海。东南沿海主要为台风风暴潮，其中长江口、钱塘江口、珠江三角洲、台湾、海南等地受灾最为严重。

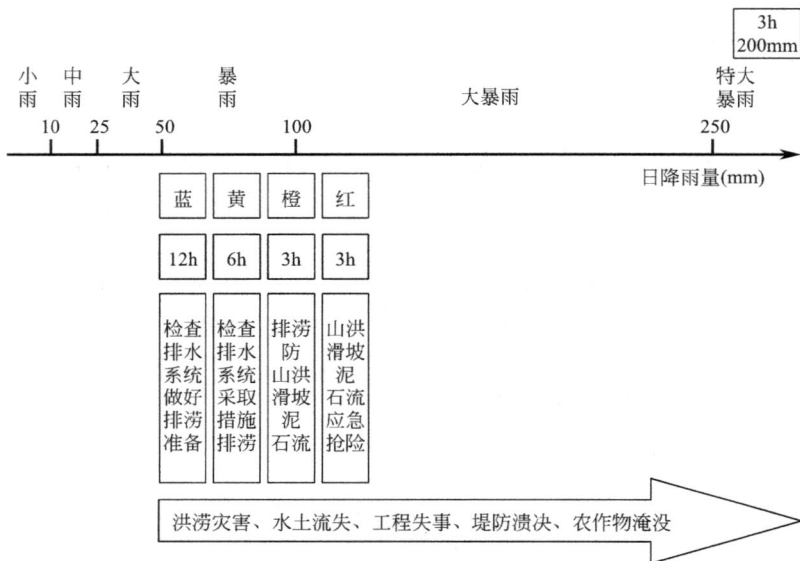

图 3-35 日降雨量示意图

有这样一个典故：当年，汉高祖刘邦定都关中后，其父太公因思念故里，时常闷闷不乐。为此，刘邦下令在秦国故地骊邑，仿照家乡丰地的街巷布局，为太上皇重筑新城，并将太公故旧迁居于此，太上皇这才高兴起来，这就是陕西省临潼县新丰镇的由来，老家和新家正好在同一个建筑区划内，气候条件很接近（图 3-36）。

四、规划条件

重要性：规划条件涉及方案设计的报建审查、环境评估、消防安全审查、市政管网衔接审查。规划设计要点在下达后就不容易调整，所以，之前一定要将开发建设遇到的问题在规划设计要点中考虑进去，为今后自我调整留出余地。

考察规划条件需完成以下四项任务：

（1）规划用地各项指标：用地红线内是否有效？可否变化与调整？

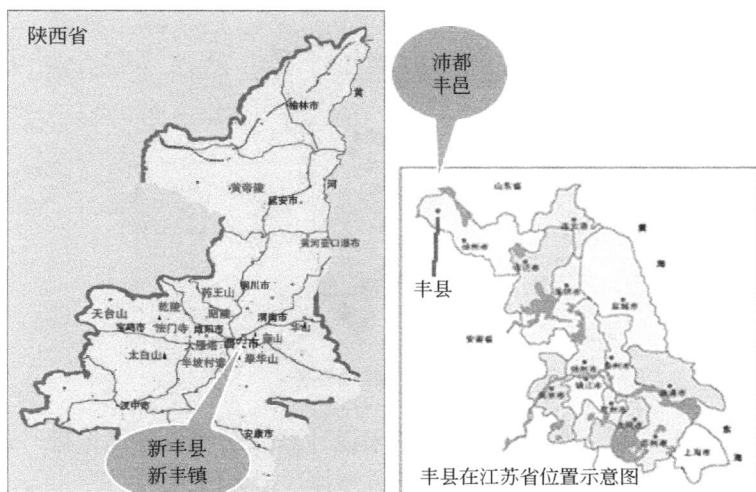

图 3-36　老家和新家的位置

（2）场地四邻规划的建筑物、城市道路及规划铁路，允许的城市道路接点关系，周边市政道路施工图设计。

（3）现状市政管线设施，市政管线接口，如雨水、污水管排入点位置和数量，接入点井位、管径、标高、数量；给水管接入点、数量；供电方向、等级；电信、有线电视、天然气、供暖等，其走向、标高、坐标、管径、压力等。有无坐标和标高数据、管径、各个管线系统的配置能力。外网污水处理厂、燃气调压站、变电站等位置、相邻小区污水管、雨水管设计资料。需搜集、汇总市政管线资料，理顺市政管线条件，上述资料要准确无误。

（4）城市有差异，报建审批程序、要求也有所不同，要收集地方政府规划管理条例。

以上四项任务如图 3-37 所示。

实例 3-12：

华东地区某城市规划条件规定主卧室不能朝北。某项目先布

图 3-37　四项任务

置的建筑正确，满足条件，但后来设计修改时把单体镜像后，却使主卧客厅朝北，建好的基础被迫炸掉，损失巨大。

实例 3-13：

华东地区某项目次入口与现有道路连接，但主入口与规划路不相邻，中间隔着山头，需要进行外部道路设计，而且设计和实施难度很大。

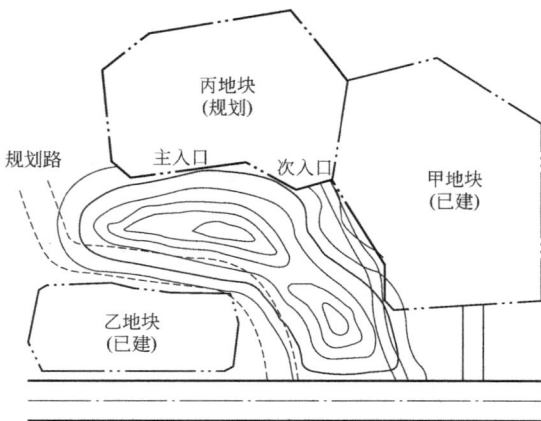

图 3-38　规划路与场地不相连

实例 3-14：

　　某项目场地北侧已建有学校，南边已建成了度假村，但如果周边市政管线接口资料不确定，也就是说市政管线建设滞后，将会导致设计多次返工，反复报建，费时、费钱。还有一种可能性就是管线必须自成系统，等市政系统建成后再废掉，要多花钱来过渡一下。

　　　　　　擦亮眼，辨条件。
　　　　　　若不利，设法变。
　　　　　　到现场，仔细看。
　　　　　　不齐备，返工繁。

第四讲　大大小小化矛盾

在用地红线内，包含了各种构成元素，因环境不同而异，在此，仅列出了十类元素，如图4-1所示。在这个系统里，整体利益大于个体利益，长远利益大于近期利益。从每个元素入手，顺藤摸瓜，检验元素之间的关系，协调矛盾，消除隐患，并预留发展，使其井井有条，成为和谐整体，即为整合。

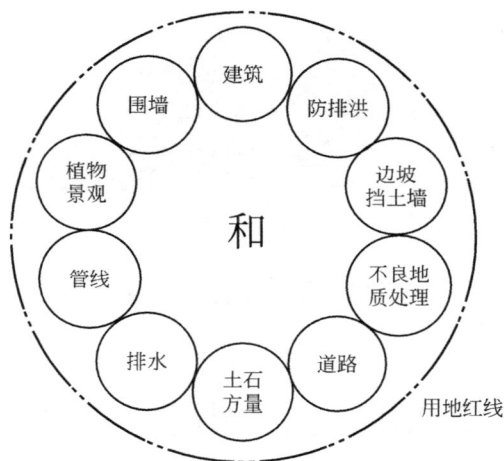

图 4-1 元素之合

一、建筑

与建筑有关的因素如图4-2所示。

总平面布置图：此图除平面定位外，还要进行道路竖向和详图设计，考虑边坡、挡土墙、排雨水及综合管线走向等，在后续设计图纸中应准确表达，但在这张图上又不会反映出这些内容。

1. 建筑—建筑

东、西间距考虑防火、防视线干扰要求，如图4-3所示。

南、北间距考虑日照要求，建筑在斜坡上和台地上应适当调整，如图4-4和图4-5所示。

2. 建筑—防排洪设施

建筑物基础和排洪沟应避免交叉，但图 4-6 中建筑物北侧的地下车库与地下排洪沟却正好交叉。为保证排洪沟顺畅，可以结合用地情况，将地下车库调整到就近的空地上。

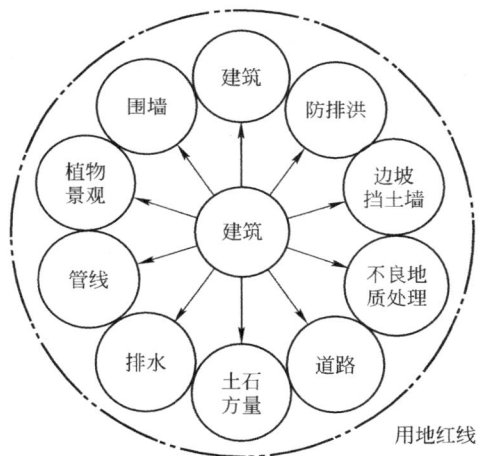

图 4-2　建筑与其他

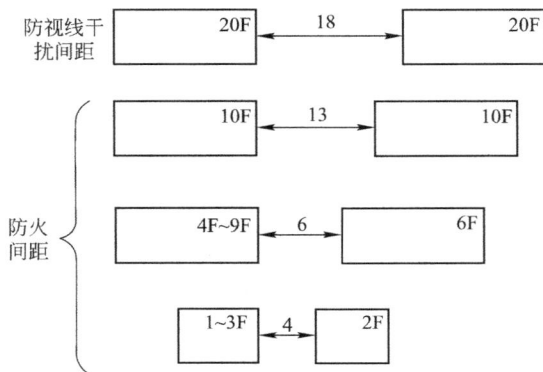

图 4-3　东西间距因素

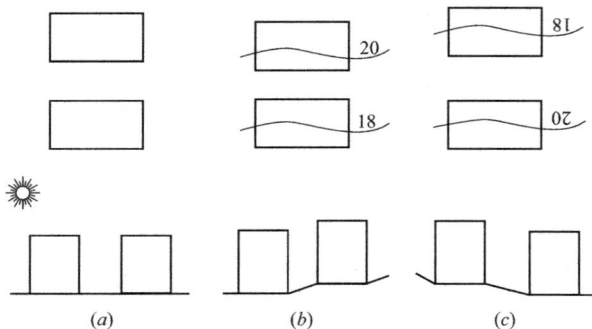

图 4-4　斜坡上

(a)平地；(b)南低；(c)北低

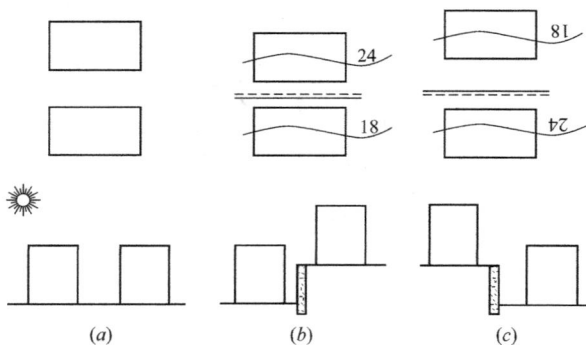

图 4-5　台地上

(a)平地；(b)南低；(c)北低

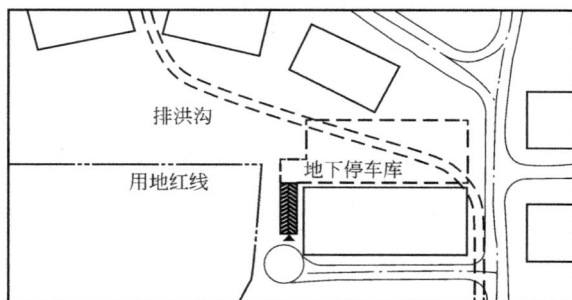

图 4-6　地下车库与排洪沟不要交叉

3. 建筑—边坡挡土墙

为达到零灾害，高切坡开挖前要进行地质灾害评估危险性评估，避免产生新地质灾害。

《城市竖向用地规划规范》(CJJ 83—99)中，建筑物与边坡或挡土墙的间距如图4-7所示。

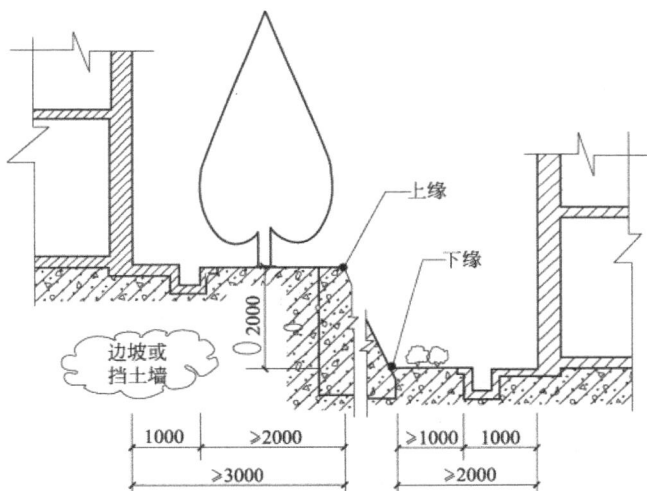

图 4-7 建筑物与边坡或挡土墙的间距(单位：mm)

当边坡或挡土墙东西方向布置时，如图4-8所示，因日照间距较大，一般能满足建筑与边坡或挡土墙的最小间距要求。

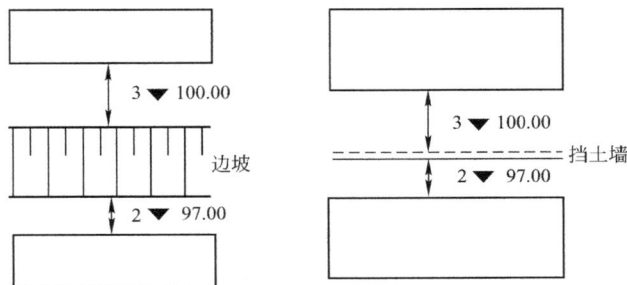

图 4-8 边坡挡土墙东西向布置

当边坡或挡土墙南北向布置时，因建筑物东西向的间距较小，如图4-9所示，需检验建筑物与边坡或挡土墙上缘、下缘的距离要求，以保证边坡或挡土墙的稳定。

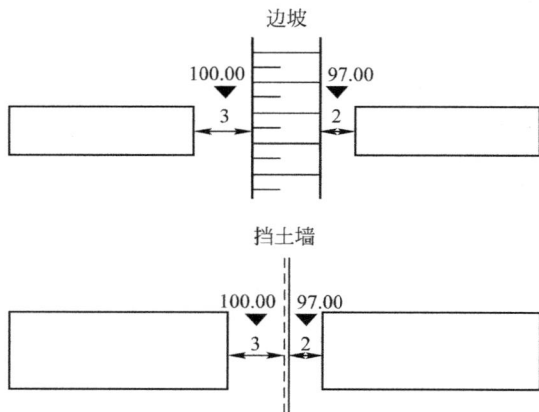

图4-9　边坡挡土墙南北向布置

实例4-1：

华中地区某项目在建设过程中，由于建筑方案未考虑边坡挡土墙的处理，以致在施工过程中，由于坡地较陡，需挖去大量边坡土方来满足建筑平面需要；采用了重力式挡土墙，同时由于边坡较高，挡土墙墙身较厚，使原来狭小的场地更加拥挤，最后房屋北向离道路仅1.5m，南向底层外墙边离挡土墙仅0.3m，不仅造价偏高，布置不合理，而且由于挡土墙问题延误工期达2个月之久。

实例4-2：

华中地区某项目在设计过程中，按基建处提供的地形图布置，但靠场地东向为一高达8.0、9.0m的边坡，下面为8层住宅，按原设计，有两栋楼的东向靠边坡太近，需重新设计原挡土墙且要采取特殊处理。根据另一栋楼现场基础开挖的情况，只能将这两栋楼重新设计，将建筑物长度缩短。而这1、2栋直至交底后进场施工时，才进行下水道处理，不得不采取结构处理的办法，既增加了设计难度，又延误了工期。

4. 建筑—不良地质

丘陵和山地的地质变化多、构造复杂。场地内有不良地质存在时，建筑物应尽可能避开布置，这会影响场地分区；如果要对其进行处理，须征求结构师意见，采取合适的技术措施，如图 4-10 所示。处理方式的工程费巨大，需进行工程构筑物维护，要与场地安全年限作经济比较。

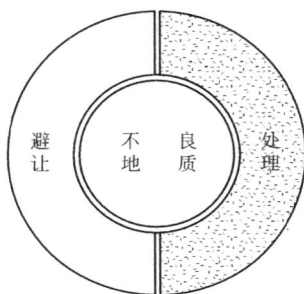

图 4-10　不良地质存在

实例 4-3：

华南地区某学校围海造地建宿舍楼，其长轴基本垂直山体的等高线，一部分基础深度 5m，而其余部分的基岩向海底方向倾斜，一栋建筑特殊基础设计造价高达几百万元。

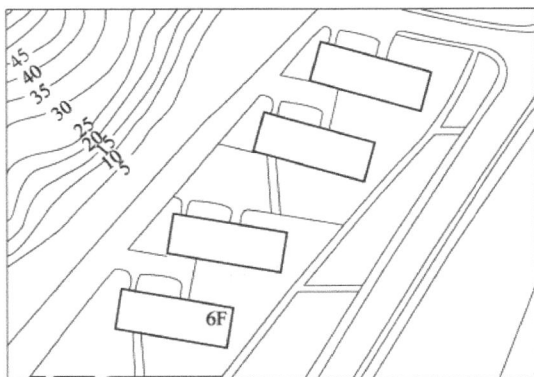

图 4-11　特殊基础设计

实例 4-4：

华中地区某项目在河滩处建设小区时，实行钻孔打桩，第一期 400 多根，用费 300 多万元。第二期 500 多根，用费约 600～700 万元。共计 900 根，合计 1000 万元。

实例 4-5：

西南地区某项目场地有滑坡，其处理采用防滑抗滑桩，投资 2000 多万元。

实例 4-6：

西南地区某项目场地内有强风化危岩，不能布置建筑物。但设计时有 6 栋别墅布置在危岩上，其中 2 栋炸掉、4 栋修改。耽误工期达 7 个月，造成损失约 1000～2000 万元。

5. 建筑—道路

《城市居住区规划设计规范》（GB 50180—93）2002 年版，道路边缘至建、构筑物的最小距离的规定如图 4-12 所示。

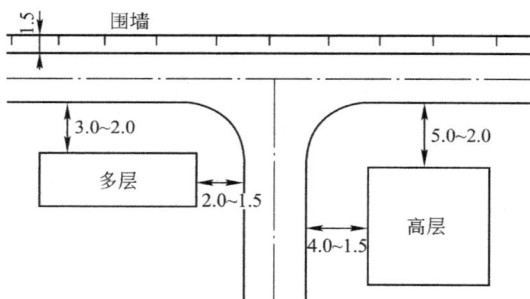

图 4-12　道路边缘至建、构筑物的最小距离（单位：m）

单体由建筑师设计、主干路由市政设计时，应检验两者的距离、高差和交通是否合适。如图 4-13(a) 所示，建筑与道路高差小，出入方便；如图 4-13(b) 所示，建筑与道路高差大，出入不便，应调整两者的设计标高。

图 4-14 的建筑物与次干路的距离过近，若雨水下渗，会引起建筑物临路一侧的墙面受潮。

6. 建筑—土石方量

容积率、开发强度一定，交配套费以后，不要硬做，否则，

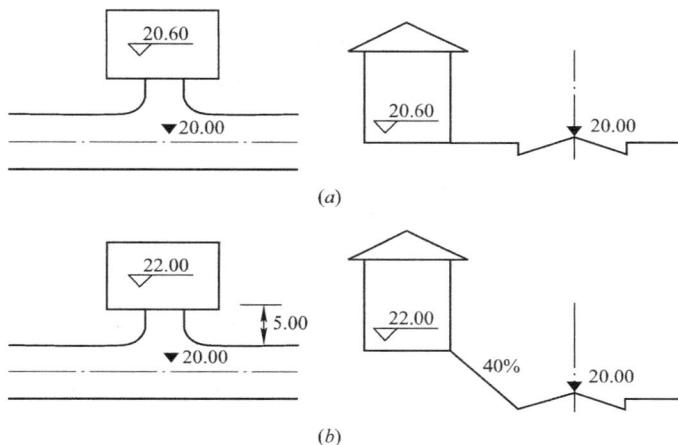

图 4-13 交通联系

(a)可以进车；(b)不能进车

需大量整治地形，使土石方量巨大。建筑尽量放在挖方区，控制好填方区的基础工程量和场地工程量。

主动控制——建筑/总图＋结构；

被动就范——结构难避免风险，并使结构风险增大。

图 4-14　建筑与道路过近

实例 4-7：

图 4-15 是丰都望江小区初步设计。该小区进行施工图设计时，因场地东南侧挡土墙 16m 高，相应的回填土深，故对初步设计总平面作了局部调整，取消了几个楼房建幼儿园，又在原公共中心处增加了一座高层建筑，如图 4-16 所示。

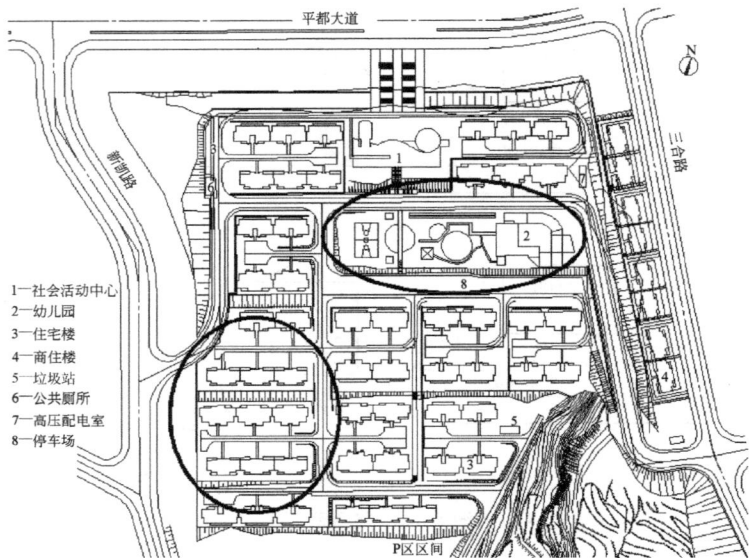

图 4-15　丰都望江小区初步设计

1—社会活动中心
2—幼儿园
3—住宅楼
4—商住楼
5—垃圾站
6—公共厕所
7—高压配电室
8—停车场

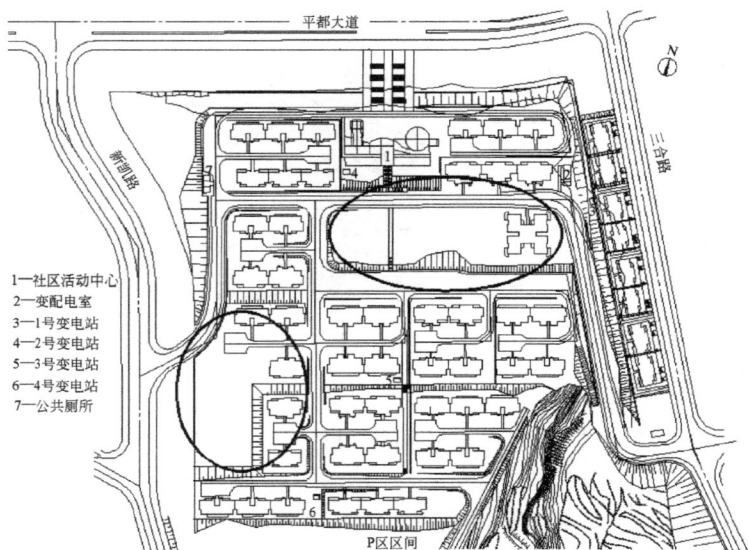

图 4-16　丰都望江小区施工图设计

1—社区活动中心
2—变配电室
3—1号变电站
4—2号变电站
5—3号变电站
6—4号变电站
7—公共厕所

7. 建筑—排水设施

建筑散水沟可排场地雨水。

实例 4-8：

华东地区某项目一、二期时，设计人员基本没有总图与综合管线的概念，认为场地排水、综合管线设计原则上都是水电专业或总工牵头负责的事，导致许多脱节的问题出现。总平面标高设计未考虑场地排水及市政管道容量和排放能力的问题，导致一期人工水渠梅雨季节积水，无法排放，客户室内积水。

8. 建筑—管线

考虑到丘陵和山地的复杂性，在方案设计时应进行干管综合，检验管线敷设条件是否得到落实；在施工图设计阶段应完成管线综合图，将各个专业的管线优化，使管线线路短捷，技术经济合理，施工操作可行，给建筑和景观创造良好的条件。同时，协调各种矛盾，节省工期，确保设计质量，如图 4-17 所示。

图 4-17　重视管线敷设

《城市居住区规划设计规范》(GB 50180—93)2002 年版建筑控制线(即管线敷设宽度，类似于道路红线)规定：

居住区道路：红线宽度≮20m；

小区路：路面宽度 6～9m，建筑控制线宽度 14m(无供暖时 10m)；

组团路：路面宽度 3～5m，建筑控制线宽度 10m(无供暖时 8m)。

建筑控制线要留够，若前期设计时位置预留过小、后期进行外网设计时，会加大管道综合的难度。

平原通常沿主、次干路进行干管敷设，如图 4-18 所示，建筑物布置时，应布置在其外，保证管线干管布置和通畅。如有突入者，应挪出建筑控制线范围。

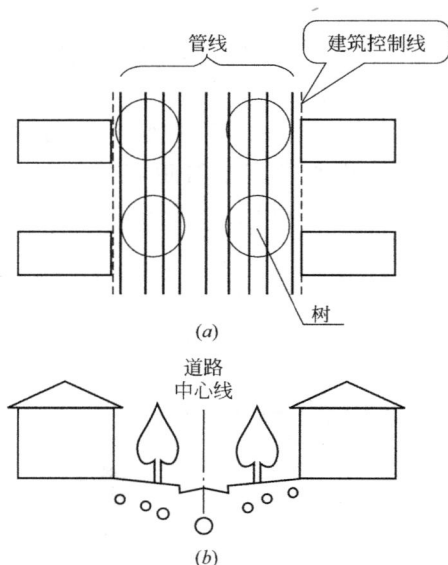

图 4-18 平原管线敷设

(a)平面图；(b)剖面图

丘陵和山地常有高差，沿道路两侧会出现高低各异的边坡或挡土墙，两者均有一定的占地宽度，且建筑物与其上缘、下缘皆有退后的距离要求，因此，道路两侧建筑物的实际占地宽度在建筑控制线外还要加上边坡或挡土墙的占地宽度，如图 4-19 所示。

如图 4-20 所示，高层建筑之间防视线干扰的距离为 18m，能满足小区路建筑控制线 14m 宽度及组团路建筑控制线 10m 的要求；而高层建筑之间的防火间距仅能满足组团路建筑控制线 10m 的要求。

多层建筑之间的防火间距为 6m，如其中布置小区路或组团路，其建筑控制线宽度分别为 14m 和 10m，能满足道路、管线和绿化的布置要求，如图 4-21 所示。

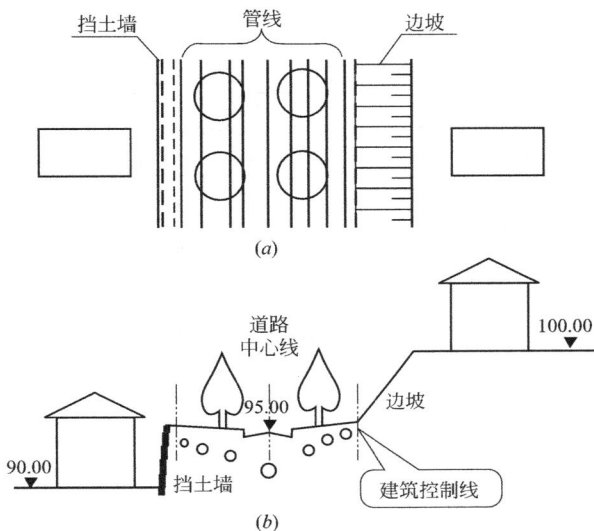

挡土墙　　　管线　　　边坡

(a)

道路
中心线
100.00
95.00
边坡
90.00
挡土墙
建筑控制线

(b)

图 4-19　丘陵和山地管线敷设

(a)平面图；(b)剖面图

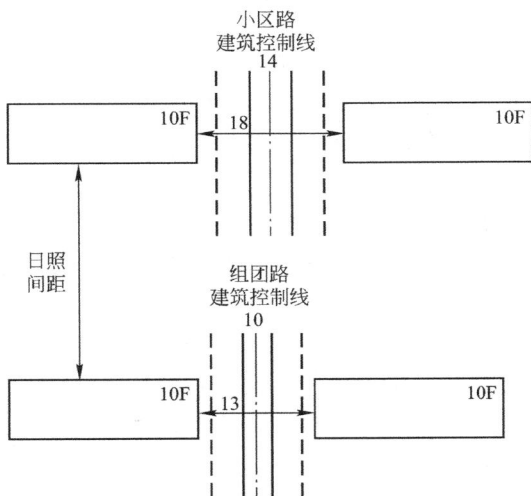

小区路
建筑控制线
14

10F　　18　　10F

日照
间距

组团路
建筑控制线
10

10F　　13　　10F

图 4-20　高层建筑敷设管线时

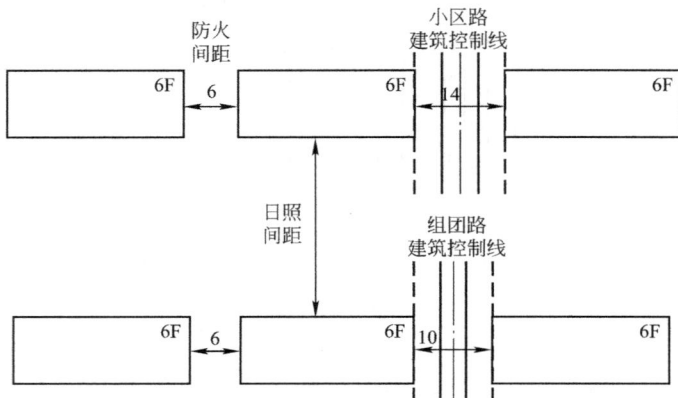

图 4-21　多层建筑敷设管线时

以上两种建筑，因高度高则日照间距较大，所以能满足管线东西敷设的要求。

低层建筑布置时，因高度小则日照间距较小，使东西向的管线布置困难，如图 4-22 所示，有时候，管线会在小院里穿过，甚至在院中设检查井。

针对推荐方案绘制主次路管线集中处断面图，可以确定管线构成、排序、间距、道路两端与设计地面的高差大小、边坡、挡土墙设置，检验方案设计的稳定性。

实例 4-9：

如图 4-23 所示，路北侧和路南侧的建筑物已经突入建筑控制线宽度内，会使管线布置困难，因此而转折时会增加检查井的数量，使成本增加。因此，要微调建筑的位置。

实例 4-10：

华东地区某项目各管线专业未经管线综合统一协调，基本上是把各专业的图纸在总图上拼接一下，将问题交给现场处理，结果导致一期业主家的后院出现了 7 个井盖。

另外，建筑靠山布置时，当入户管出口朝向山设置时，如图 4-24（a）所示，因检查井占地，挡土墙切山多且高，成本较

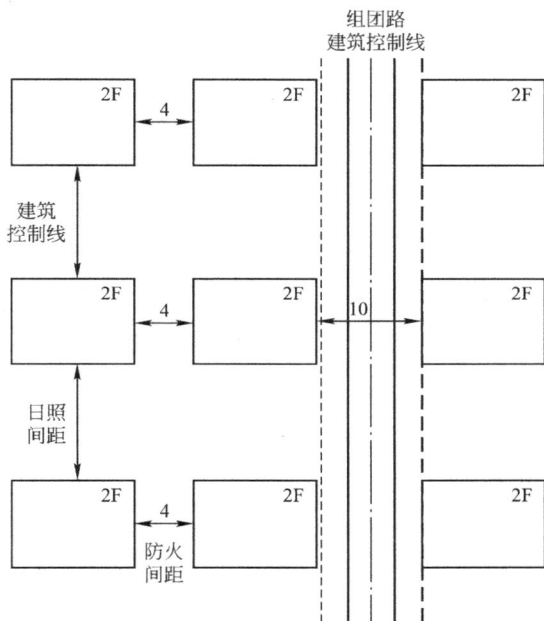

图 4-22　低层建筑敷设管线时

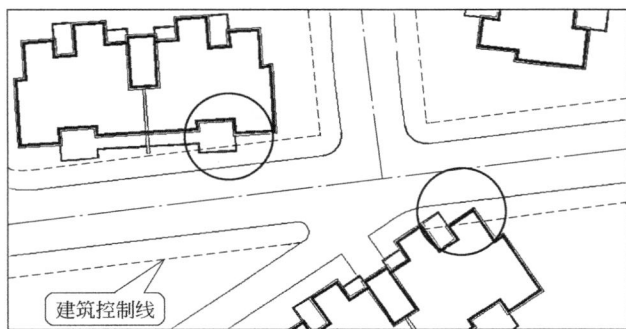

图 4-23　敷设宽度不够

大；当入户管出口设在两侧，如图 4-24（b）所示，则成本较小。

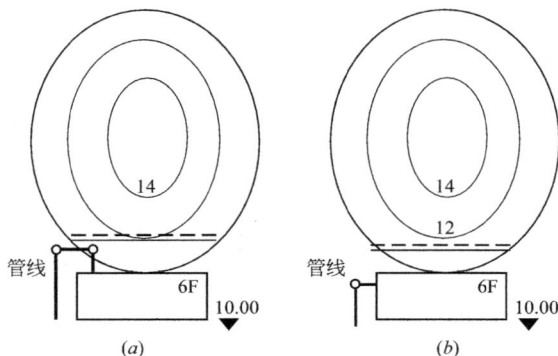

图 4-24　入户管出口调整

(a)朝向山设；(b)设在两侧

9. 建筑—植物景观

建筑应避开保留树木，甚至以此构思单体的平面图。

树木以冠径为保护范围，名树古木要求的保护距离更大。与场地功能不符合的树木可以移植，陡坡上的植物应尽可能少破坏，有利于水土保持，防止滑坡和泥石流发生。

地下车库顶板覆土深度应考虑植物生长要求，乔木为 1.2m，草坪为 0.3m。

10. 建筑—围墙

《全国民用建筑工程设计技术措施 规划·建筑·景观 2009》第 2.2.4 规定：地下建筑物距离用地红线宜不小于地下建筑物深度（自室外地坪至地下建筑物底板）的 0.7 倍，为保证施工技术安全措施的实施，其距离最小不得小于 5m。旧区或用地紧张的特殊地区需考虑开挖时的施工设备用地，地下管网铺设最小不得小于 3m。

实例 4-11：

西北地区项目的建筑物紧临用地红线（即围墙）布置，如图 4-25 所示，不符合规范规定，一般都应退后用地红线至少 5m。如果外侧为其他单位，容易引发矛盾。

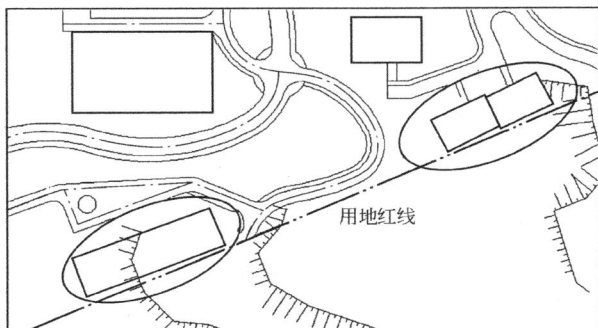

图 4-25　建筑贴近围墙

二、防排洪设施

可参照《防洪标准》(GB 50201—94)及《城市防洪工程设计规范》(CJJ 50—92)中相关规定。防洪标准高低，决定投资、场地安全度和承担的风险大小。与防排洪设施有关的因素如图 4-26 所示。

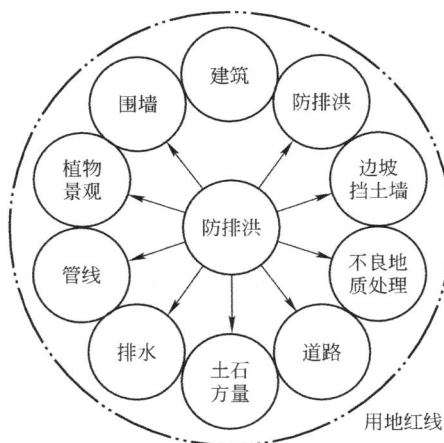

图 4-26　防排洪设施与其他

水肆虐，防未然。

土来垫，堤来断。

难自流，设泵站。

1. 防排洪设施

(1) 防江(河)洪、防海潮

地点：平坦洼地，排水不畅或外江水位高于场地，雨水不能正常排除。

措施：防洪(潮)堤(坝)＋提升泵站

不同措施的比较见表4-1。

不同措施比较   表 4-1

	有土可垫时	不垫土时
场地标高	设计频率洪水位＋壅浪高＋0.5m	
周围衔接	可衔接	顺接
土石方量	可接受	减少
防洪设施		防洪(潮)堤(坝)
雨污排放	自流直排	提升泵站

实例 4-12：

某项目占地约 300 亩，场地经平整后略低于周边道路的高度，所属片区内设有完善的排水系统，已经解决了片区的排水和防洪，且地块周边的各种排水管网均能满足项目排雨水的需要，施工图设计时决定不垫土，节约了土方投资。如果垫土 0.3m，则填方 6 万 m³，要花费近 200 万元。

实例 4-13：

某化工项目所处的自然地形标高为 71.5～73.5m，相邻河流百年一遇的洪水位标高为 72.0m。在确定场地设计标高时，按常规可定为 72.5m，没有大量的土石方工程，如图 4-27 所示。

后经过了解，该场地在每年的汛期都会被淹没，最高洪水位约为 75.0m，资料来源于下游 1km 处的水文站。考虑到河道纵坡和河流与场地间距，故将场地设计标高定为 75.5m，大量垫土，且沿江建了一条 5m 高的防洪堤(近百万元)，但考虑到化工项目的特殊性，为绝水患，场地填至与堤齐平，如图 4-28 所示。项目建成后的 20 多年里，经受住了多次洪水的检验。

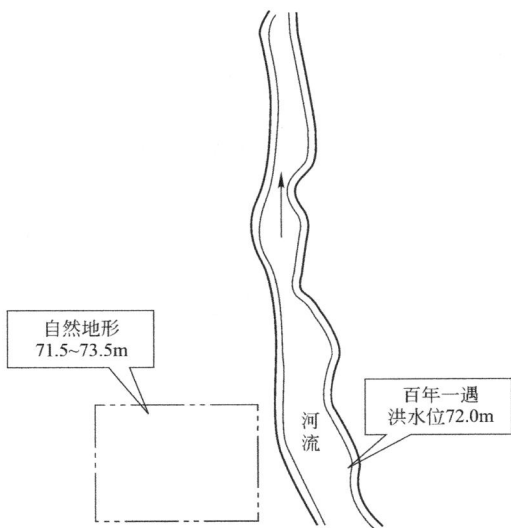

图 4-27 原设计条件

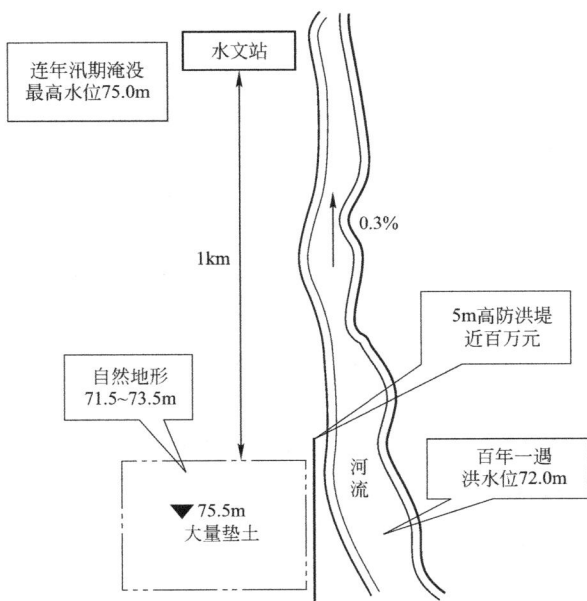

图 4-28 调查后确定

（2）防内涝

地点：平坦洼地，排水不畅或外江水位高于场地，雨水不能正常排除。

措施：设置滞洪池、建排涝泵站；或两者结合。

（3）防山洪、防泥石流

山洪会增加河道维护费用，造成洪水滞留或淹没用地，引发泥石流灾害。

地点：外高内低、山洪流量大的山坡、山沟，如图 4-29 所示。

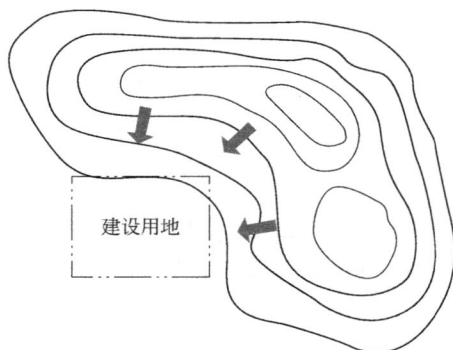

图 4-29　外高内低

原则：宜顺不宜挡、宜分不宜合。

措施：不保留自然排水系统时，可以将沟谷填平；保留自然排水系统时，排洪设施从场地内部穿"膛"过，水流顺畅；或者改变自然排水的位置，使排洪设施在场地外围绕过，便于场地使用。

设施：排洪沟、截水沟、桥、地下涵管、急流槽、跌水等。

实例 4-14：

西北地区某项目场地内共有三条冲沟，其中两条冲沟可以填平利用，另一条冲沟从场地外侧流入至下方的水库，无法断源，沟深且长，须保留，如图 4-30 所示。

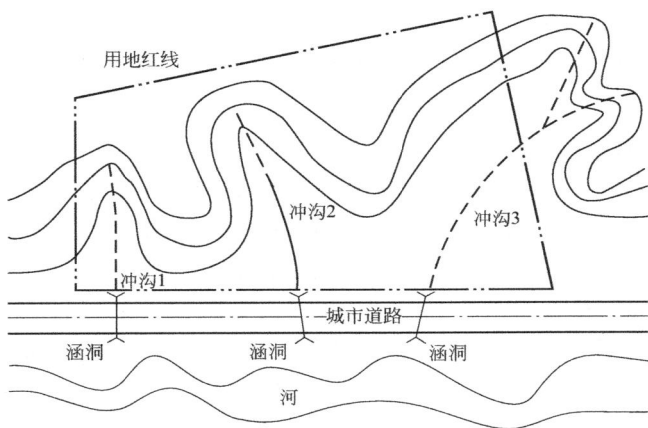

图 4-30 穿"膛"过

实例 4-15：

华北地区某项目位于山脚下，如图 4-31 所示。北边有一条

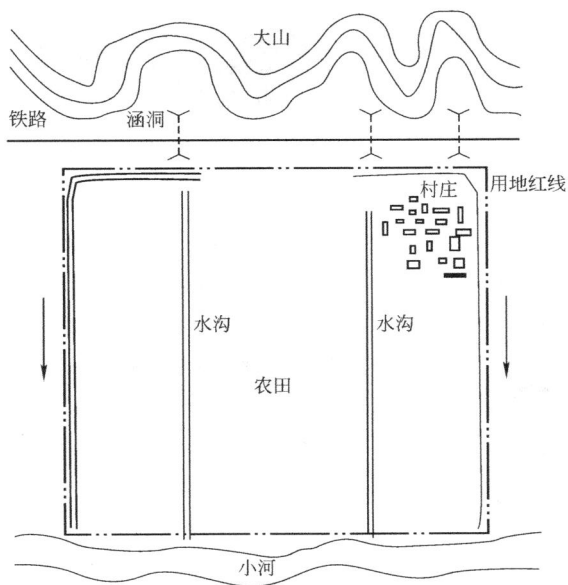

图 4-31 外围绕

铁路通过,其上分布了3个涵洞,涵洞的水经过场地内的水沟流向南侧的小河。方案设计时委托水利部门进行了排洪沟设计,一明一暗,将水引到场地东侧和西侧,绕过场地,有利于建筑布置。

实例 4-16:

某项目为回填大面积水塘,在山坡盲目取土,破坏自然排水系统,改变了排水方向。施工中未采取有效措施,涵管被弃土堵塞,两个小区受不同程度洪水威胁,被淹没几次。

实例 4-17:

2007年7月21日,重庆因洪灾直接经济损失 21.42 亿元。山洪冲垮渣滓洞7栋楼中的6栋,江姐遗物和老虎凳等被冲走。

实例 4-18:

2008年9月16日,台湾南投县大雨不断,庐山温泉区塔罗湾溪暴涨,绮丽饭店不堪洪流冲刷,先是倾斜,不久整栋饭店倒在溪里。

图 4-32 绮丽饭店倒了(来源:网络)

实例 4-19:

2009年8月9日,台湾已有22年历史的金帅饭店,不敌激浊的山洪,在对岸围观群众惊叫声中,瞬间倒入知本溪中。

2. 防排洪设施——边坡挡土墙

不交叉、不重合。

3. 防排洪设施——不良地质

防排洪设施要布置在

图 4-33 金帅饭店倒了(来源:网络)

地质稳定处。

4. 防排洪设施—道路

在大沟上回填道路时，要预先设计好涵洞，如图 4-34 所示，在雨季来临前施工完毕。

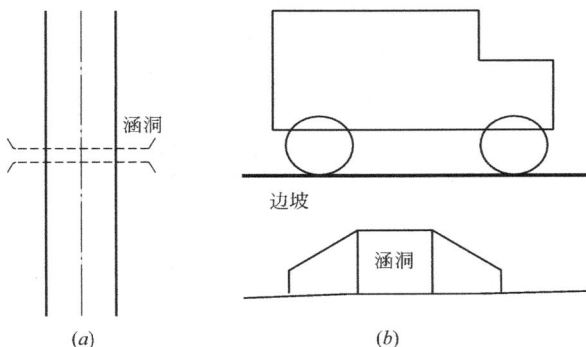

图 4-34　道路与涵洞

(*a*)平面图；(*b*)剖面图

5. 防排洪设施—土石方量

提前进行防排洪规划和设施设计，分步实施，然后回填土，避免二次搬运土方。

6. 防排洪设施—排水设施

截水沟可汇入排洪沟。

山坡的面积大、坡度陡、雨量大时，可多设截水沟。

7. 防排洪设施—管线

排洪沟上可以预留雨水检查井位置，其内既可以排洪，也可以排场地雨水。

8. 防排洪设施—植物景观

场地内的排洪沟可做成暗沟，上做水系景观。

9. 防排洪设施—围墙

一般地，排洪沟、截水沟应布置在用地红线内。

三、边坡挡土墙

可参照《建筑边坡工程技术规范》(GB 50330—2002)。与边坡挡土墙相关的因素如图 4-35 所示。

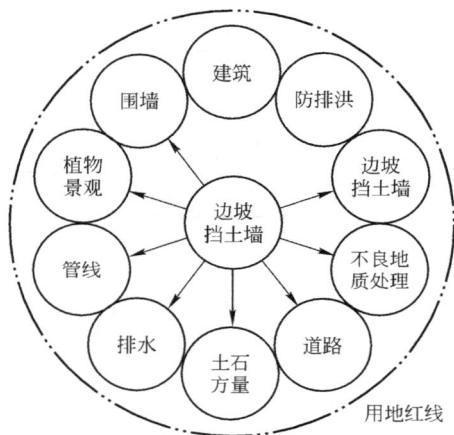

图 4-35　边坡挡土墙与其他

1. 布置

地点：两端高差大，留出其位置。

图 4-36 中，建筑物垂直等高线布置，各个单元门的室内地坪标高不同，宅前路需设踏步，并顺等高线布置挡土墙。

地面与地面之间的标高不同时，也设挡土墙，其线形可直（图 4-37）、可曲（图 4-38）。

地面与道路之间如果地面标高不同，会形成显著高差，其挡土墙见图 4-39。道路之间因纵坡不同形成剪刀差，其挡土墙见图 4-40。

图 4-36　建筑垂直等高线

图 4-37 台地标高不同

4-38 地面标高不同

（来源：网络）

图 4-39 地面与道路
有高差

图 4-40 道路与道路有高差

用地红线内外有显著高差时，或设边坡见图 4-41，或设挡土墙见图 4-42。

图 4-41 台地与自然地形有高差

图 4-42 不同单位地面有高差

实例 4-20：

华北地区某项目场地北侧设计道路标高为 402.00m，自然地形标高分别为 400.00m 和 398.00m，则高差分别为 2.00m 和 4.00m，如图 4-43 所示。但道路与回车场紧临用地红线，未留出边坡的位置。

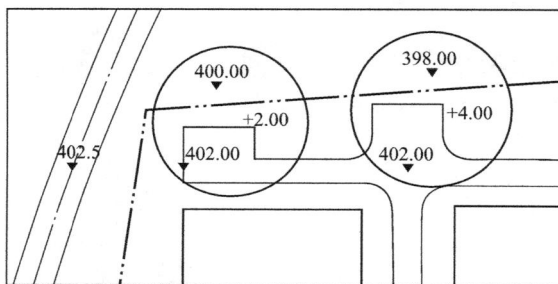

图 4-43　北侧高差

另外，如图 4-44 所示，道路设计标高为 401.50m，山上自然地形标高为 405.50m，其高差为 4.00m，切开山嘴后，会形成挖方边坡，按建筑物布置情况，宜设计一段挡土墙以节省占地；其下方设计地面标高为 404.00m，自然地形标高为 396.00m，高差为 8.00m，未留出边坡的位置；场地东北角有一条宽阔的冲沟经过，如图 4-45 所示，将来准备将其改道，因此其中已布置了 4 栋建筑物，但目前施工就面临山洪来临时对场地回填土的冲刷，需敷设临时地下排洪沟，保证在施

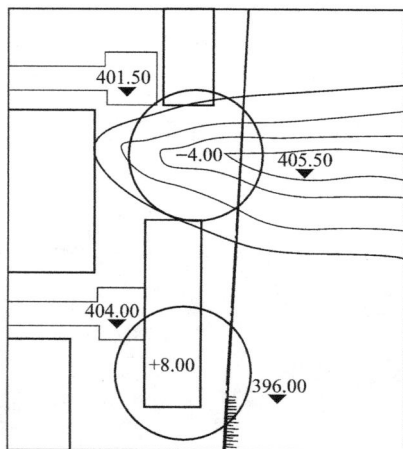

图 4-44　东侧高差

工期间至改道行程期间场地的安全。

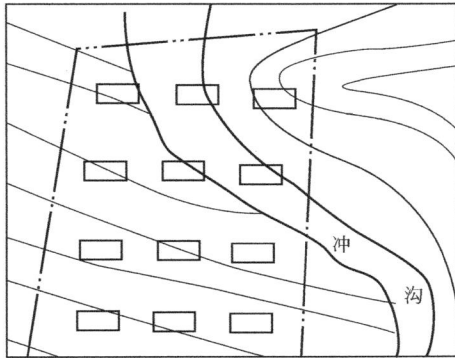

图 4-45　施工时须防洪措施

2. 成本

经济高度：填、挖方高度 $H \leqslant 5m$。上下阶垂直高度超过 5m 者，每 5m 应设置宽度 2m 以上之平台及平台截排水沟。

重力式挡土墙：土质 $H \leqslant 8m$，岩质 $H \leqslant 10m$。

规范极限：土质 $H \leqslant 15m$，岩质 $H \leqslant 30m$。

高切坡挡土墙：接近或大于所规定的土质 $H \leqslant 8m$、岩质 $H \leqslant 15m$ 时，要进行地质灾害危险性评估，要有设计资质并需审批。

挡土墙的平面线型可直、可折、可曲，如图 4-46(a) 所示，其中，细实线表示定位关系，可以表示上缘，也可以表示下缘，粗虚线是土壤高的一侧。高切坡挡土墙建议画出上缘、下缘和顶宽三条线，以便真实反映挡土墙占地宽度。图 4-46(b) 表示出了挡土墙的高度，上缘或下缘皆可以起伏变化，视情况不同以标高标注各个变化点的标高。挡土墙数量多时，可以进行编号。

如图 4-47 所示，景观好的挡土墙约 2m 高，其成本不低。填方或挖方高度在 5m 时挡土墙的成本较为经济。土质重力式挡土墙最大高度为 8m，岩质重力式挡土墙最大高度为 10m，岩质挡土墙极限高度为 30m。为降低挡土墙的成本，可以调整上、下地面的设计标高，降低挡土墙高度，减少挡土墙的长度。

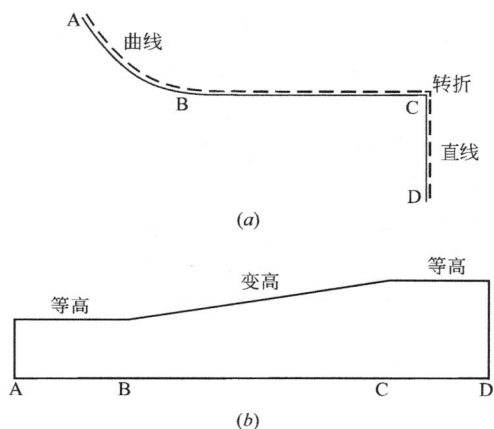

图 4-46 挡土墙表达

（a）平面图；（b）立面图

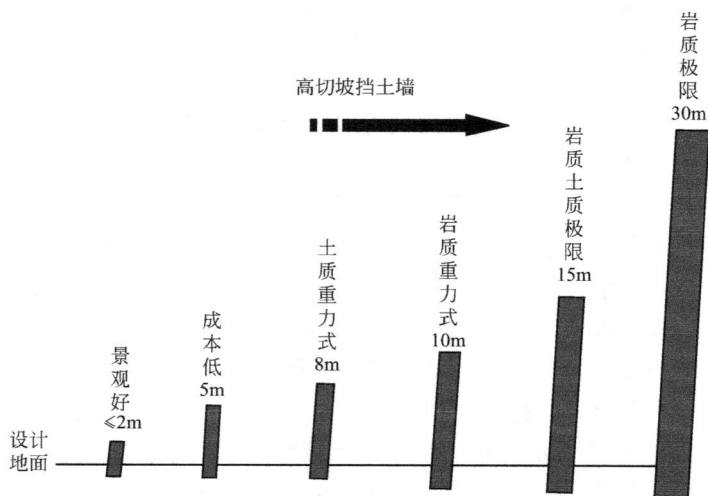

图 4-47 不同高度的挡土墙

重庆市的标准是：土质挡土墙≥8m、岩质挡土墙≥15m 为高切坡；填方≥8m 为高填方，开挖基础≥12m 为深开挖，如图 4-48 所示。接近或大于此规定时，必须作地质灾害危险性评估，委托有高切坡挡土墙设计资质的设计单位承接挡土墙的设计，其设计费与施工费巨大。

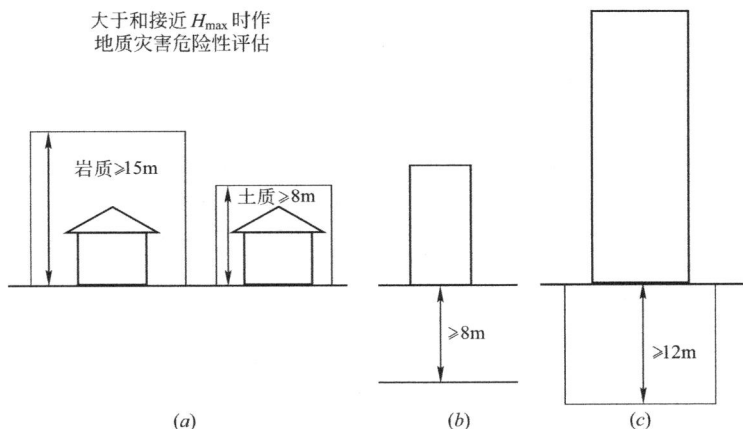

图 4-48　重庆市的标准
(*a*)高切坡；(*b*)高填方；(*c*)深开挖

实例 4-21：

西南地区某项目为经济利益全开挖，未听取技术人员意见，开挖后无法处理，地质不稳定。高切坡需要论证，还要多花 600 万元。

实例 4-22：

某项目深回填边坡没进行护坡处理，几处垮塌，甲方因此损失很大。

实例 4-23：

西南地区某小区施工爆破后使挡土墙位置向高处移动，其高度从 7m 上升到 20m，费用剧增。场地可使用的面积也相应减少，50 栋别墅只布置了 45 栋。而总平面图纸未能及时根据此情况进行调整，各单位还在按原来设计进行，造成了巨大的经济损失。

3. 组合

民用建筑场地里，边坡和挡土墙的组合如图 4-49 所示：（a）为一个大坡；（b）为坡坡组合，高度超过 5m 时分两级，并设 2m 宽的退台和排水沟；（c）为墙坡组合；（d）为墙墙组合，力不下传；（e）为一个高墙。

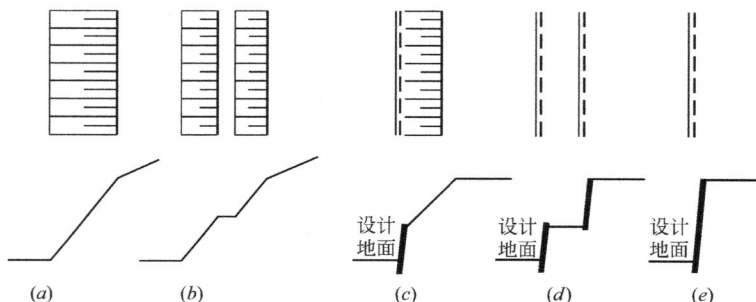

图 4-49　边坡和挡土墙的组合

（a）一大坡；（b）两个坡；（c）墙、坡；（d）两个墙；（e）一高墙

边坡挡土墙组合比较　　　　　　　　表 4-2

	边坡＋挡土墙	多级挡土墙	高切坡挡土墙
地形结合		贴近地形	全部填平
土地使用	适中	用地变少	用地变多
道路交通		路下人上	路下人上
支护形式	景观好、投资小	占地多、投资小	占地少、投资大
土石方量	节省	几乎没有	大量回填土
回填土源			有土可取
管线敷设	雨污管跌落	雨污管跌落	雨污管跌落

4. 边坡挡土墙—不良地质

在规模大、难以处理、破坏后果很严重的滑坡、危岩、泥石流及断层破碎带地区不应修筑建筑边坡。

5. 边坡挡土墙—道路

要留够人行道, 见图 4-50, 以保证行人安全。

图 4-50 道路、人行道和挡土墙

实例 4-24:

西北地区某项目如图 4-51 所示, 在道路一侧布置了人行道, 另一侧边坡坡顶与车道重合, 如果道路坡陡弯急, 安全性稍差。最好沿主干道两侧都留出人行道, 确保场地交通安全。而且, 边坡下建筑与边坡距离过近, 另一个建筑与边坡上缘过近。

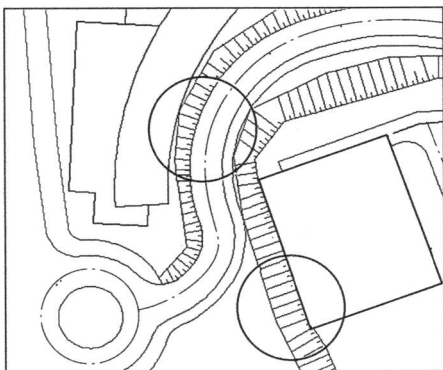

图 4-51 边坡与道路过近

上下有交通联系时, 在挡土墙上要设置踏步, 见图 4-52。

6. 边坡挡土墙—土石方量

填方地段施工时, 应先施工挡土墙, 保证场地稳定。

图 4-52　挡土墙与踏步

7. 边坡挡土墙—排水设施

为边坡或挡土墙的安全稳定，当其上部为自然山坡时，在其上缘 5m 以外要设置截水沟，其下缘要设排水沟。一般地，截水沟应位于用地红线内，如图 4-53 和图 4-54 所示。

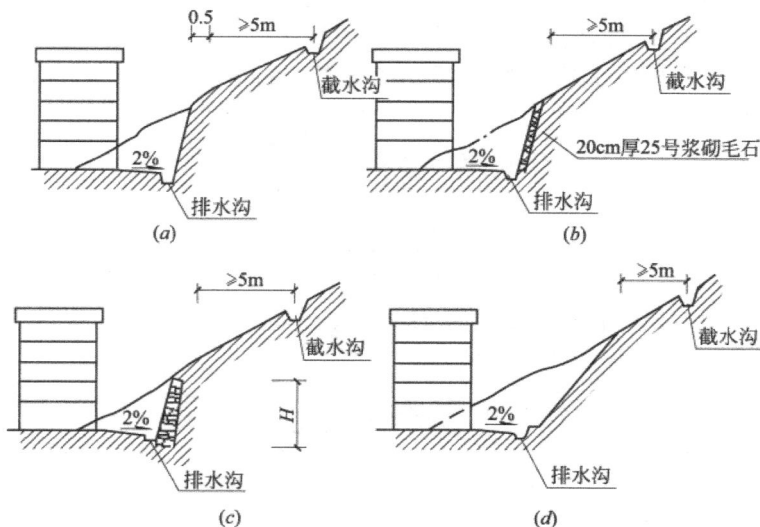

图 4-53　截水沟设置位置

(a)设置在岩石边坡上；(b)设置在又贴砌护坡的边坡上；
(c)设置在挡土墙加土边坡上；(d)设置在粘土边坡上

8. 边坡挡土墙—管线

管线与挡土墙垂直交叉时，要留预留孔，见图4-55。

4-54　护坡与截水沟(来源：网络)

图4-55　挡土墙与管线交叉

9. 边坡挡土墙—植物景观

边坡必须防护，以避免水土流失。土质边坡要种草种树，岩质边坡要做护坡、护墙。

图4-56为华南地区某大学山坡，种满了映山红。

图4-57为华中地区某大楼附近的山坡，下部设置了挡土墙，坡面布置了混凝土格框以固定山体，并绿化形成图案效果，既美观经济，又安全稳定。

图4-56　植物护坡

图4-57　混凝土格框植生护坡
（来源：肖丹琳）

四、不良地质

与不良地质相关的因素如图4-58所示。

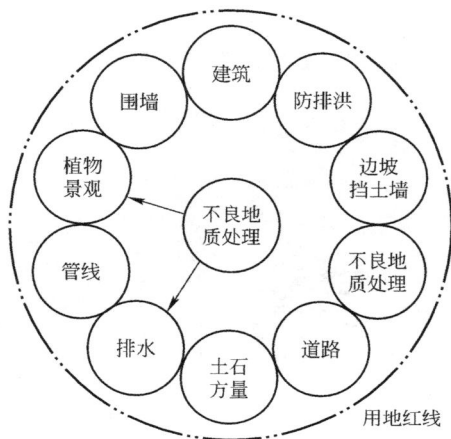

图 4-58　不良地质与其他

1. 不良地质—排水设施

《湿陷性黄土地区建筑规范》（GBJ 50025—2004）中规定，水沟或水池与建筑有防护要求。

2. 不良地质—植物景观

实例 4-25：

西北地区某大学的图书馆，因地裂缝影响成为危房，后拆除另建，在原址上布置了集中绿地。

五、道路

与道路相关的因素如图 4-59 所示。

1. 概述

可参照《城市道路设计规范》CJJ 37—90、《厂矿道路设计规范》GBJ 22—87、《城市居住区规划设计规范》GB 50180—93（2002 年版）等中的规定。

重庆市有《重庆坡地高层民用建筑设计防火规范》（DB 50/5031—2004）。要收集各地相关规范，更要严格执行。

高层建筑消防扑救场地设计包括：消防车道、登高立面、登高车的操作场地、操作场地的承载、消防站设置。

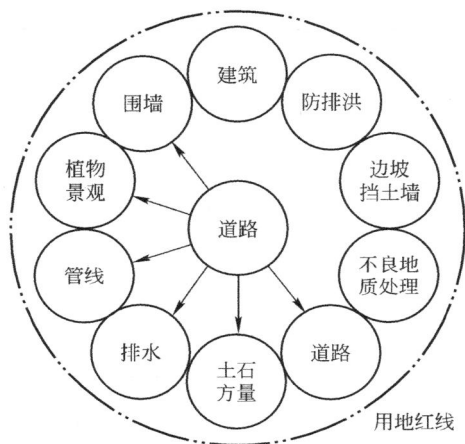

图 4-59 道路与其他

未通过报建的原因有：消防扑救场地设计达不到相关要求；忽视消防扑救场地的无障碍要求；在消防扑救场地上布置室外停车位、大型灌木、车库出入口、台阶、水景、建构筑物等障碍物。

（1）标准

道路技术标准 表 4-3

分类	标准	平坦场地	坡地场地
平面	路面宽度	小区路 组团路 宅间小路	同左
		消防车道	同左
	圆曲线半径	圆曲线半径	最小圆曲线半径
			回头曲线
			加宽、超高、缓和段
	视距	停车视距 行车视距	同左

87

分类	标准	平坦场地	坡地场地
纵断面	纵坡	最小纵坡 最小坡长	最大纵坡、限制坡长 缓和坡段、竖曲线
横断面	道路型式	路拱坡度	同左
路基	填土、挖土	压实度	同左
路面		刚性、柔性	同左
交叉口		缘石半径、净空	平面、立体、竖向
回车场		一般、消防车、 大型消防车	同左
			错车岛
混凝土分块	胀缝、缩缝、纵缝	平、立石缘石	同左

停车场、库部分技术标准 表 4-4

	停车场	停车库
出入口位置、数量	70m	80m
视距保证	各 60°、2m	各 60°、2m
引道坡度	7%	15%（12%）
缓坡段	3~6m，2%	3.6m，$i_{max}/2$
车位尺寸	2.8m×6.0m	有柱网
通道	环形	环形

注：i_{max} 为最大坡度。

图 4-60 为华东地区某别墅的主干路，其坡度较缓；图 4-61 为西南地区某别墅的主干路，其坡度较陡。

实例 4-26：

某项目设计时，由于开发商不了解山地建设规律，没有按照设计方的推荐方案建造，而是要求设计人员调整其中的一个方案，将一处标高高的道路直接与标高低的道路连接，造成道路纵坡达到 15%，坡度、道路系统极其不合理、不通畅，土石方量大增，挡土墙增长增高，整个工程投资也大大增加。

图 4-60 丘陵场地主干道

图 4-61 山地场地主干道

实例 4-27：

华东地区某项目，道路坡度从 8%（图 4-62）调整为 6%（图 4-63），使挖方高度达到 20m，其上 3～4m 为土壤，下部均为岩石。施工需要爆破作业，还要炸出地下车库。

这标准，要谨慎，既安全，又舒适，好建房，还省钱。

（2）分类

道路的设计应重视出入口、定线、道路间距、道路平面设计和竖向设计等。其中，外部路设计主要解决交通联系，要经济、安全；主干路设计也重在解决交通联系，必要时得展线克服高差；组团路设计要利于建筑布置。

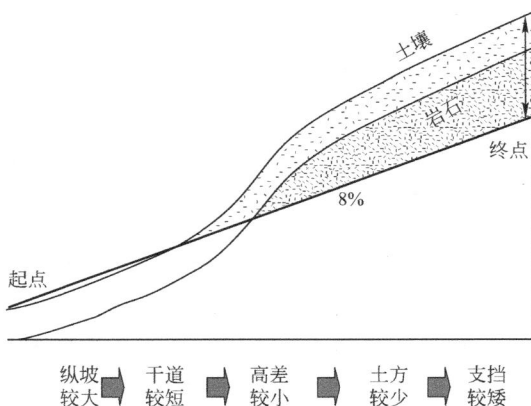

土壤

岩石

终点

8%

起点

纵坡 ➡ 干道 ➡ 高差 ➡ 土方 ➡ 支挡
较大   较短   较小   较少   较矮

图 4-62 纵坡大时

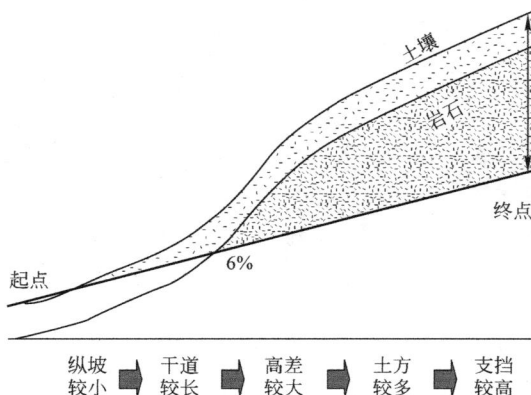

图 4-63　纵坡小时

道路纵坡比较　　　　　　　　　　　　表 4-5

	纵坡大	纵坡小
地形结合	较好	较差
土地使用	可用地多	可用地少
环境品质	差	好
生态环境	破坏少	破坏大
场地安全	符合规范、较好	符合规范、较差
道路总长	较短、投资小	较长、投资大
交通组织	短捷顺畅	
支护形式	边坡挡土墙长度少、高度低	边坡挡土墙长度长、高度高
土石方量	总量小	总量大
土方平衡	基本平衡	难以平衡
建筑布置	不利、消防难设计	有利

实例 4-28：

场地出入口选择必须符合规范要求。西南地区某别墅项目的市政道路公交站台停车港的位置与项目一期建设的出入口重合，其他还有两个出入口，一东一西。报建时开发商承诺不进车仅作为人行出口，实际会导致使用的极大不便。

道路纵坡度较小时，如图 4-64(a)所示，确定建筑物室内地坪标高时可定一个。道路纵坡度较大时，如图 4-64(b)所示，则建筑物各个单元的室内地坪标高应错落，根据坡度和单元长度逐一计算，方能保证各个单元皆可进车。

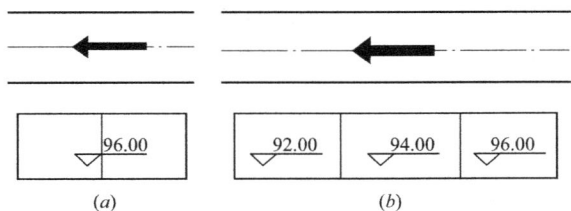

图 4-64　纵坡大小与室内地坪标高
(a)坡度小时；(b)坡度大时

山地或大片区搞开发建设时，建筑单体设计必须适应场地地形，不能让场地和小区道路去适应不同的建筑单体，否则会造成整个工程设计中各专业不断返工、修改，造成工程直接经济损失和工期延误。

如图 4-65 所示，同一个地形可构建不同路网，在布置建筑物时就形成了不同的方案。

实例 4-29：

某项目施工图设计阶段产品是联排别墅，与方案、初步设计的产品形式变化较大，道路及场地已不能适应联排别墅的立面，道路标高需提高，造成场地的土方量差方太多，与市政相邻处标高的高差太大。由于环形主干道已施工，二、三组团的道路标高已不能调整，由此导致整个工程投资费用大增。

实例 4-30：

设计单位在施工图设计时未调整道路平面位置，但对道路标高作了较大的调整，后山的标高为了将就建筑物调低了很多，也挖了很多的土石方。

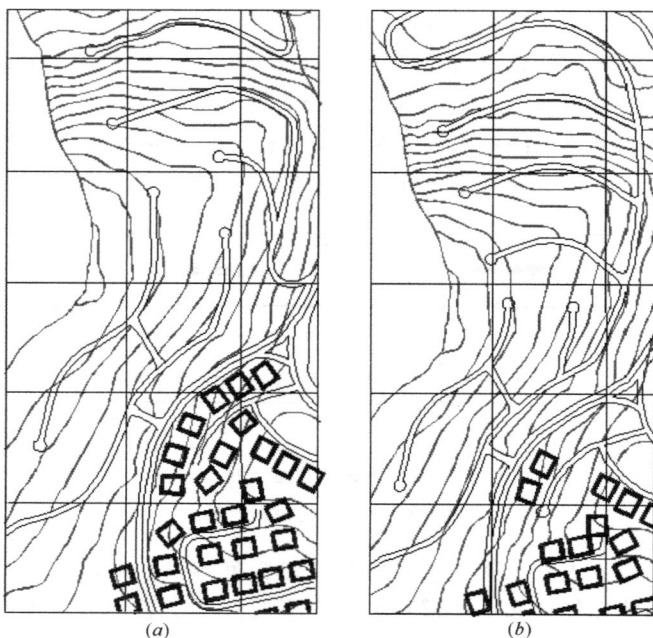

图 4-65　不同的道路设计

(a)户型条件好，东西向多；(b)独立成体系，南北朝向

> 路顺山，省土方，路展线，多建房。
>
> 先平面，后竖向。经比选，再摆房。
>
> 一条路，一排房，路太多，不合算。
>
> 一条路，两排房，更合理，更合算。
>
> 单体变，路也变。标高调，坡度算。

2. 道路—土石方量

临时路荷载大，永久路荷载小，若结合得好，可以大大节省成本。

3. 道路—排水设施

城市型道路设雨水口，公路型道路设边沟。

> 冲沟上，回填路，先埋管，洪水过。

4. 道路—管线

路边放，花钱少。路下放，花钱多。若交叉，思加固。

5. 道路—植物景观

要关注行道树及园路设计。

6. 道路—围墙

因用地红线内外地形标高不同、场地设计标高不同，如图4-66所示，要处理设计地面与自然地形之间的高差，就会设置边坡或挡土墙，两者都会占地，前者占地更宽，而且应布置在用地红线之内，如图4-67所示。所以，道路和建筑物不宜紧临用地红线布置。

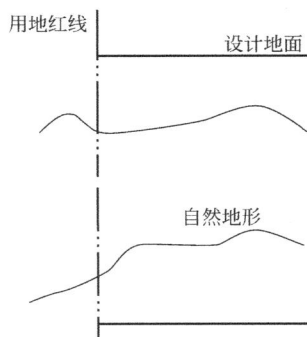

图4-66　红线内外有高差

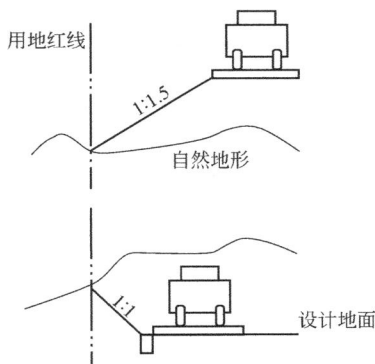

图4-67　边坡处理高差

实例4-31：

图4-68的建筑和路都紧临用地红线，因图纸中其外的地形被裁掉了，从而无法判断高低关系，确定边坡或挡土墙的占地范围。若内外高差一样，这样设计就可以；若内外高差不一样就存在问题。

实例4-32：

如图4-69，回车场设计标高为94.00m，自然地形标高为110m，高差为16m，回车场与用地红线的距离过小，无法布置边坡或挡土墙。

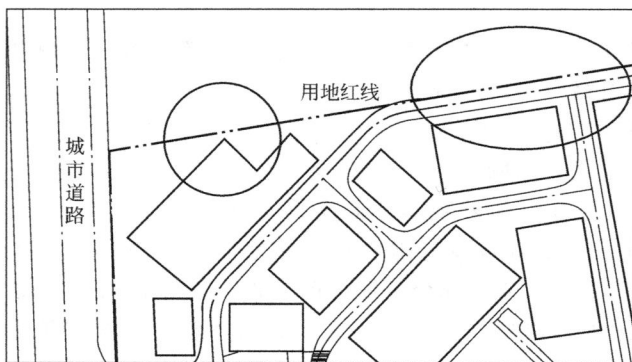

图 4-68　道路贴近用地红线

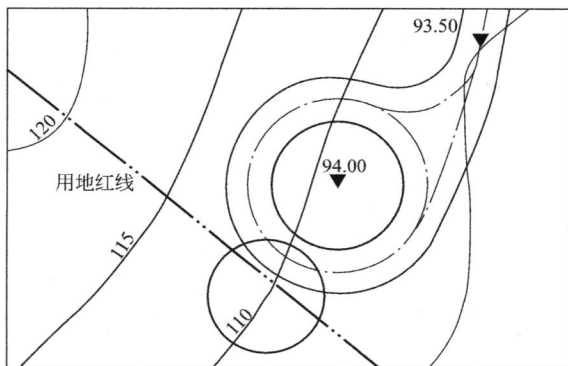

图 4-69　回车场贴近用地红线

六、土石方量

如今，以当前的科学技术水平，《愚公移山》和《精卫填海》这两个典故都能够变成现实，解决了经济发展对土地的需求，但因此造成的成本增加和对生态的破坏要深思。

土方量，无底洞。不估算，损失重。

与土石方量相关的因素如图 4-70 所示。

在方案阶段和施工图阶段，都要控制土石方量，如图 4-71 所示。

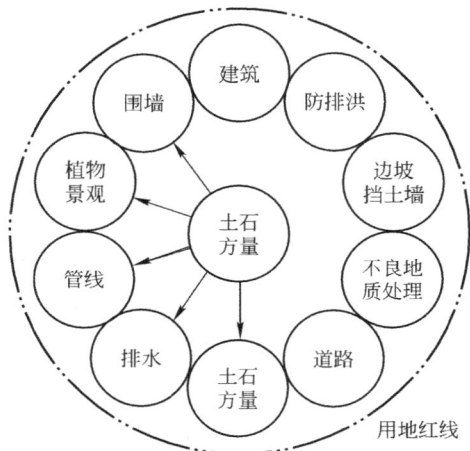

图 4-70　土石方量与其他

图 4-71　控制土石方量

土石方图：在场地设计平台和建筑单体基本稳定后，要计算出场地较准确的土石方量和场地区域内土石方平衡调配图。

1. 土方估算：规划阶段场地平整（地形塑造）

根据地质勘察资料确定主干道及主要台阶位置后，才能进行土石方填挖平衡的估算。

土石方图决定建筑物基础费用大小，竖向设计不稳定时，可变因素较多，使得工程施工进度延后，工程投资增加。设计时应注重统一规划、分期平衡，减少搬运。

土方省，进度快，资金省。

2. 土方平衡——分期、分区、总体

"三看"：

看高差大小，高差＝设计地面标高－自然地面标高；

看面积大小，填方、挖方范围；

看位置地点，沟可填，小山可挖。

填方的问题：回填土受力不好，容易产生不均匀沉陷。要保证回填土的稳定性，需要相当大的费用，有些条件可能别无选择。从实际出发，最好尽可能地避免过多的回填。

土方工程平衡表（场地平整、基槽余土、松散系数等）。

土方平衡问题要三方（甲方、乙方、施工方）协商解决。

土方允许的差额范围——不可能绝对平衡。

3. 设计优化

调整设计标高，降低挖填深度。填处不能再填，挖处可以再挖。

实例 4-33：

西北地区某小区土方的优化设计过程如表 4-6 所示。城市用地参考指标如表 4-7 所示。

优化过程示例　　　　　　　　　　　　　　表 4-6

	第一次	第二次	第三次
设计方法	方格网法 40m×40m	方格网法 20m×20m	断面法 20m
技术措施		延长主干路长度	
填方量（万 m³）	10	19	20
挖方量（万 m³）	45	32	28
弃土量（万 m³）	35	13（＜10）	8

	$(V_挖 - V_填)/(V_挖 + V_填) \times 100\%(\%)$
平原	5～10
浅、中丘	7～15
深丘、高山	10～20

注：引自《四川建筑》第 22 卷 3 期(2002.8)中《关于城市用地竖向规划技术标准指标的探讨》一文。

挖、填方量差值超过表 4-7 允许范围时，要调整设计标高，重新估算。

实例 4-34：

华北地区某项目地处丘陵地带，方案设计时进行了土方量估算，填方量为 29.5 万 m^3、挖方量为 37.5 万 m^3，和为 37.5＋29.5＝67.0(万 m^3)，差为 37.5－29.5＝8.0(万 m^3)，则差/和为 8.0/67.0＝12%，符合表 4-7 中 7%～15%的规定。

实例 4-35：

华北地区某项目，用地东西方向高差为 27m，南北方高差为 29m，确定场地设计后，只有 1 栋建筑填方 6m，其余 25 栋均为挖方，且挖方高度 8m 以上的有 18 栋建筑，场地土方量不平衡，外弃量极大。

4. 取土和弃土

取土、弃土均耗费巨资。

有这样一则典故：宋真宗祥符年间，皇宫失火焚毁后，由丁谓负责重建宫室。当时取土非常遥远，十分不便，于是丁谓下令把大街凿通取土。没过几天，就挖成了一条大沟。接着把汴水决开，将水引入沟中，然后导引各种大大小小的舟船，拉运各种建筑材料，都从沟中行驶，十分便捷。等到皇宫建筑完毕，就把旧宫室拆下的瓦砾灰土之类都垫在水沟中，水沟就又变成平平展展的大街了。据粗略统计，这样做节省的费用不下亿万金。

实例 4-36：

华北地区某城市开发区高程填方物料来自电厂每年 80～150

万 m³ 的粉煤灰渣。灰渣显酸性，用于填方后还可改良土壤，有利于变化。城市中人造水面的挖方土可作为城市填方。该城市港口还将建成亿吨大港，航道、港池年清淤量为 400 万 m³，经风化后，可用作城市填方。不足部分可从西部购地取土。

还有典故如下：1089 年，苏轼疏浚西湖后，将葑草和湖泥堆放在西湖内，从北山到南山间，筑了七段长堤并造了六座吊桥，这就是著名的苏堤。他还在堤上间植了桃树和柳树（图 4-72）。这样做，一来就近弃土，二来方便两岸的交通，三来护岸与造景。每年春天，苏堤都桃红柳绿，令人流连忘返。

图 4-72　西湖苏堤（来源：网络）

实例 4-37：

某大型化工项目，占地约 200ha，南北距离约 1100m，高差约 28m，自然坡度 2％左右。设计中由南向北设置了三个台阶，每个台阶上标高基本一样，有效地节约了土方，并避免了大填大挖。分析场地实际情况后，土方量为平整时主要考虑的因素。

实例 4-38：

某化工基地占地 200 公顷左右，场地地下水位高，也采用了台阶式的布置方式，而且把整个场区分为 25 个台阶，在一定程度上减少了由于深挖带来的地下水的防污工程量，也减小了土方工程量。地下水防污对场地设计影响较大。

实例 4-39：

某项目占地 120 多公顷，位于丘陵地带，在场地范围内有十几座小山丘。由于铁路入口标高已确定，为了与铁路衔接，仓库区比装置区低了 17m，二者通过 17m 高的护坡联系起来。由于场地填土太高，地基处理采用强夯的方法，边坡也委托专业公司进行设计。在整个项目的土方工程中，牵涉到了场地平整单位、边坡设计单位、强夯处理单位。

实例 4-40：

2009 年 6 月 27 日 5 时 30 分许，上海一座在建的 13 层楼房整体倒塌，原因是一侧堆土过高。

5. 土石方—建、构筑物基础，高层建筑和别墅地下室

图 4-73　上海大楼倒下了

（来源：网络）

建、构筑物基础，高层建筑和别墅地下室的余土称为基槽余土。

6. 土石方—排水沟、管线、道路

土石方堆放时，应避免将涵洞掩埋。

场地平整时，建好临时排水设施，保证施工正常进行。

土方平衡时，应考虑排水沟、管线、道路的基槽余土。

7. 土石方—植物

种树需要肥沃的土壤，一般回填土不能用，需换土。

8. 土石方—围墙

围墙要先修好，避免外弃土和建筑垃圾涌入，破坏自然排水系统。

实例 4-41：

西南地区某项目位于甲基地，设计时未经土方优化，导致施工时挖方量与填方量相差悬殊，产生了大量的土方外弃，如图 4-74 所示。运输者连续几年将弃土偷运进乙基地弃置，如图 4-75

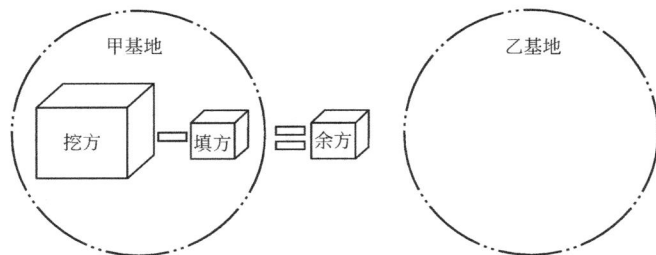

图 4-74　挖方过大

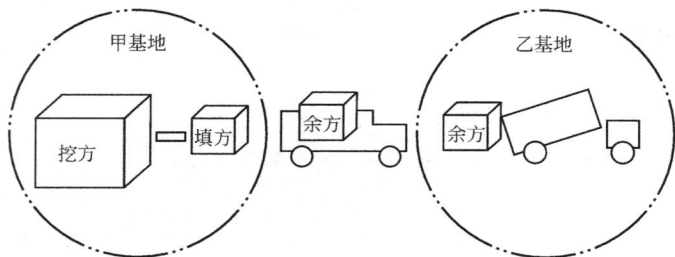

图 4-75　就近弃土

所示，造成乙基地地下水涵管几乎被淹没，且虚土易造成水土流
失，致使乙基地无法再使用。因此，设计时要设法做好土方优
化，使土方量基本平衡，杜绝此类事情的发生。

七、排水设施

可参照《城市用地竖向规划规范》（CJJ 83—99）、《城市居住
区规划设计规范》（GB 50180—93)（2002 年版)、《建筑与小区雨
水利用工程技术规范》（GB 50400—2006)等相关规定。与排水设
施相关的因素如图 4-76 所示。

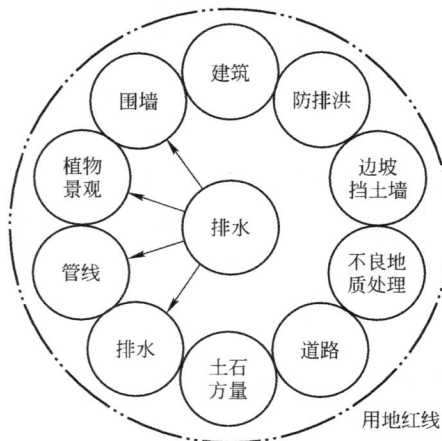

图 4-76　排水设施与其他

竖向设计图表达内容包括：各台地的分水关系，排水构筑物（场地及道路的雨水口、排水沟、急流槽、跌水沟、排洪构筑物等）的位置、标高及工程量。

1. 渗：透水地面

图 4-77　人行道比道路低
（来源：网络）

图 4-78　草地中部低
（来源：网络）

采用无砂混凝土可保证雨水渗透，回收利用，并减少了硬化地面。污水生态处理可采用地源（水源）热泵技术。

2. 蓄：生态池坑井

图 4-79　景观水池 1
（来源：网络）

图 4-80　景观水池 2
（来源：网络）

实例 4-42：
华南地区某学校内设计了很大的水面，晴时观景（图 4-81），雨时成蓄水池，缓解暴雨时下水管的压力（图4-82）。

图4-81　雨前

图4-82　雨后

3. 收

积水点，要找全，配设施，防水潴。

雨水口应设置在路段、交叉口、广场、停车场和绿地低洼处，下接雨水管。

图4-83为平算式雨水口。图4-84表示雨水口的设计内容，其顶面标高根据道路标高和路拱坡度推算并减去2cm，以提高收水效果。

图4-83　雨水口

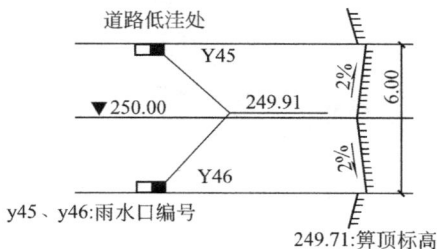

道路低洼处

Y45

▼250.00　　　249.91

6.00

2%

Y46

2%

y45、y46:雨水口编号

249.71:算顶标高

图4-84　雨水口表达内容

排水沟设计内容如图 4-85 所示，其中：地面设计标高为253.00m，沟底标高为 252.70m、252.56m，沟长为 45.00m，沟底纵坡为 0.3%，距边坡下缘 0.75m，其终点设雨水口，使雨水流入雨水管，水沟数量多时可增加编号。

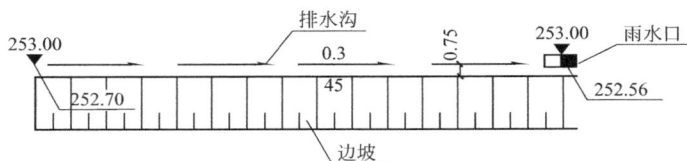

图 4-85　排水沟设计内容

排水沟应布置在挡土墙墙趾、边坡坡脚、公路型道路两侧、庭院内部、下沉式广场踏步下方、地下车库出入口等处。终端接雨水口，下接雨水管。

图 4-86　校园排水沟

图 4-87　公园排水沟 1

图 4-88　公园排水沟 2

图 4-89　庭院内盖板沟

图 4-90　散水沟

图 4-91　踏步下盖板沟

图 4-92　广场边盖板沟

图 4-93　纵坡大横向盖板沟拦水

图 4-94　地下车库入口拦水

图 4-95　建筑低时拦水

4. 排

善分区，埋管浅。路坡顺，标高齐。

原则：高水高排、低水低排，自排为主、抽排为辅，近期为主、近远结合。

（1）分片排水

影响场地排水方案确定的因素有：地形变化趋势、周边道路位置、场地道路结构、冲沟水系位置、市政管网接口、台地分水关系和最佳排水路径。

当只有一个雨污接口时，如图 4-96（a）所示，场地东北角为雨水、污水接口，设计时可将场地主干路的西南角适当抬高，使道路朝向东北倾斜，有利于场地内部雨水的顺利排除。如果雨水、污水接口位于场地西北角，如图 4-96（b）所示，设计时可将

104

场地主干路的东南角适当抬高,使道路朝向西北倾斜。

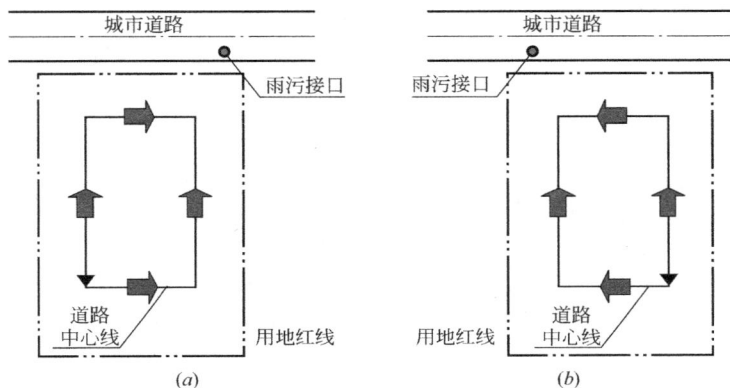

图 4-96　一个雨污接口

如果北侧有两个雨水接口,如图 4-97 所示,可将场地划分为两个排水分区,将最南端道路中部适当抬高,使场地向东北、西北倾斜。

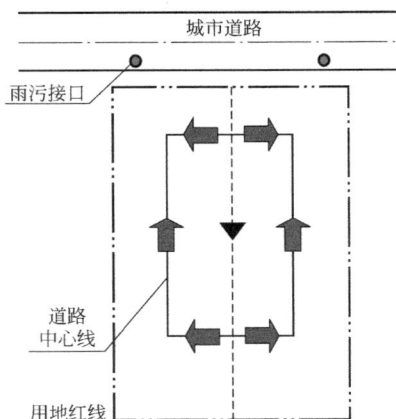

图 4-97　两个雨污接口

当场地南北均有城市道路和雨水接口时,如图 4-98(a)、(b)所示,场地排水分区可以再增多,使水流就近流入市政雨水管。

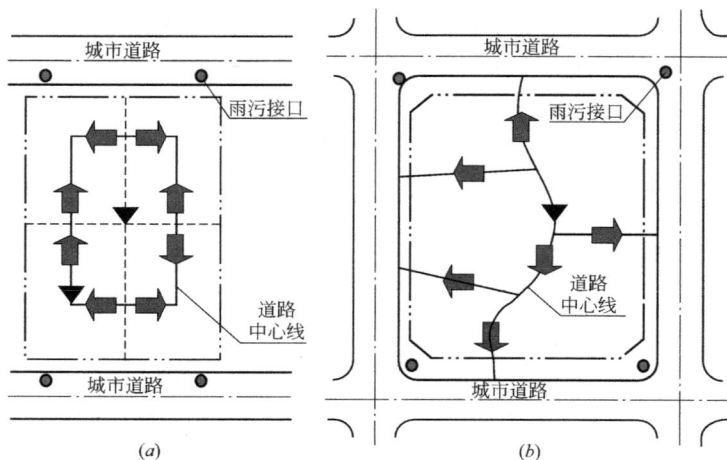

图 4-98 多个雨污接口

（2）协调标高

设计应确定的标高有：

建筑物室内地坪标高和室外地坪标高；

道路的起讫点、交叉点、变坡点和建筑物入口标高；

广场的轴线两端和四角标高；

停车场的中心线和两端标高；

挡土墙的上缘和下缘；

活动场地的四角标高。

各种标高应有序而协调，如图 4-99
所示。

实例 4-43：

陕西韩城党家村自古就有尊重自然、
服从自然、利用自然的意识和传统，几
百年里从未发生过水患。每逢雨季来临，
村中巷道畅通，雨水从各个四合院流入
板石、河石砌墁的水道（亦是巷道），由
西北向东南缓缓汇入泌水河。这样合理

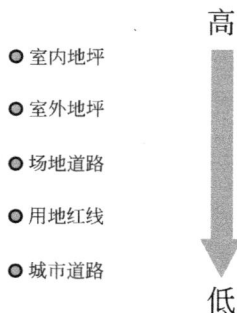

图 4-99　各种标高
有序变化

的排水系统，即使连下十天半月的雨，村中仍安然无恙。

实例4-44：

华东地区某项目总平面图的标高设计未考虑场地排水及市政管道容量和排放能力问题，导致一期人工水渠梅雨季节积水，无法排放，客户室内积水。而景观、总图标高与单体脱节，导致室内外高差过大，"亲水住宅"距离河岸高差1.6m，却没有任何竖向处理。

八、管线

与管线相关的因素如图4-100所示。

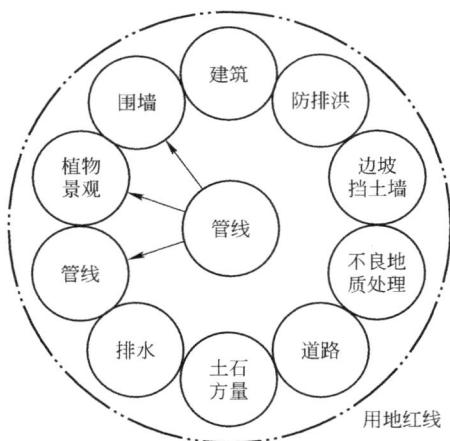

图4-100 管线与其他

1. 管线—管线

留间距，保安全，便施工，利检修。

管 线 组 成   表4-8

种类	名称	管材	设备	起点	终点
排水管	雨水 污水	混凝土 PVC管	化粪池、检查井、中水站、简易公厕、沉渣池、抽水泵、污水处理池	卫生间厨房雨水口排水沟	市政接口

种类	名称	管材	设备	起点	终点
给水管	生活消防上上水中水	钢铸铁	水表井、检查井、消火栓、水泵结合器、加压泵站、高位水池	市政接口	卫生间厨房喷灌点水景消火栓
电力电缆	高压低压电缆路灯	铅铜	手孔、变配电室	市政接口配电室	配电箱
电信电缆	电话电视监控广播网络		管块很大	市政接口	TV 前端HX 接线盒
燃气管	天然气煤气	钢管	总阀门、抽水井、调压器、调压站、液化气煤气柜	市政接口调压站	各个用户
热力管	暖气蒸汽	钢管保温材料	检查井、换热站	市政接口锅炉房热交换站	各个用户

沿路走：道路照明及住宅供电、消防上水、
道路雨排水、生活污水；

走近路：电视线、天然气、生活给水等。

市政管，不同步，利不同，协调难，重复挖，实难免；
场地管，可同步，利与共，协调易，一重视，能省钱。
分头做，未碰面。放一起，问题见。调在前，省时间。
路边摆，不加固，景观好、投资小；
路下敷，须加固，景观差、投资大。
长度短，交叉少，埋深浅，少提排。
道路高，污水低，须提排；
回填处，管先埋，不返工。
井勿封，利检修，常使用。

实例 4-45：

东北地区某项目设计中雨污合流，市政雨、污水管接口较浅。当南北或东西方向的雨、污管交叉时，还需要保持竖向上的间距，只能提高其标高，这样场地全部都得垫土，如图 4-101 所示。如果管线局部绕行、避免交叉出现，就不需要垫土，节省花费。这段管线绕长的费用，与整个场地土方垫土费用相比，成本就小多了，如图 4-102 所示。

实例 4-46：

西南地区某项目高层建筑地下车库污水出水口标高很低，不能自流进市政污水管接口，需建污水提升泵站，如图 4-103 所示。后来，在收齐所有地下管网资料后，再次选择最低点，多敷设了一段管线，于是顺利排除污水，省了建污水泵站的投资和运营费，如图 4-104 所示。

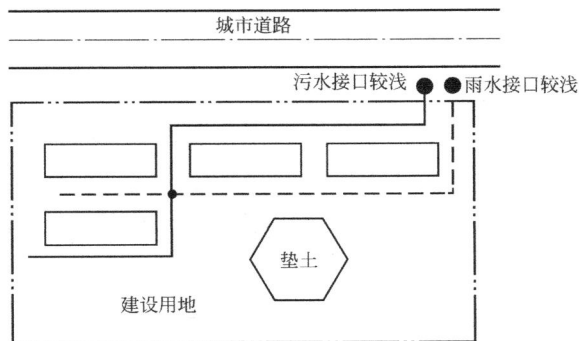

图 4-101　管线有交叉

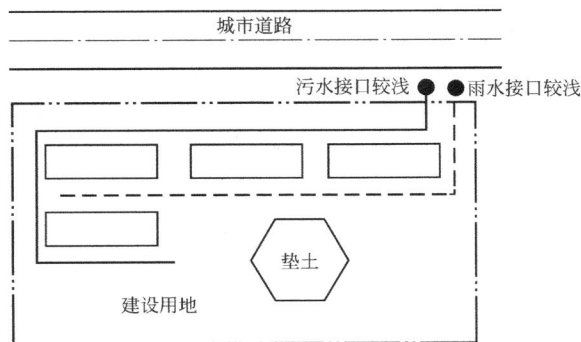

图 4-102　管线无交叉

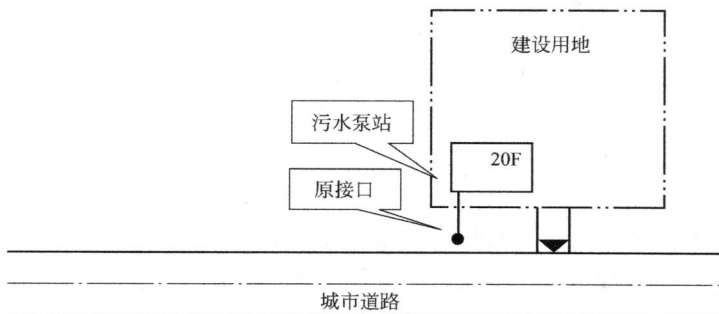

图 4-103 市政接口较高

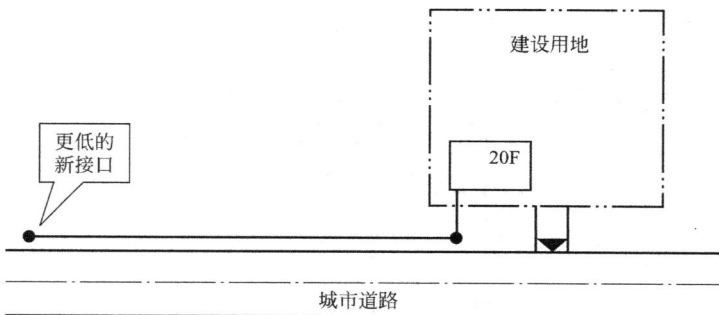

图 4-104 市政接口较低

实例 4-47：

某项目南侧城市道路衔接点的标高为 60.00m，其自然地形标高为 58.00m，实际高差为 2.00m，场地需要垫土，如图 4-105 所示。经过深入查证市政管线接口资料，核实是否有降低的可能性，为保证小区雨、污水排放，在附近重新找出最低点，尽管管线长度加长，但能大面积节省土方量，如图 4-106 所示。

2. 管线—植物景观

热力管和电力线发热会致树死亡，因此，要适当留出间距。

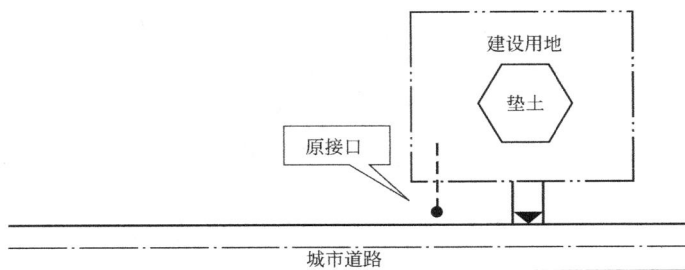

图 4-105　市政接口较浅

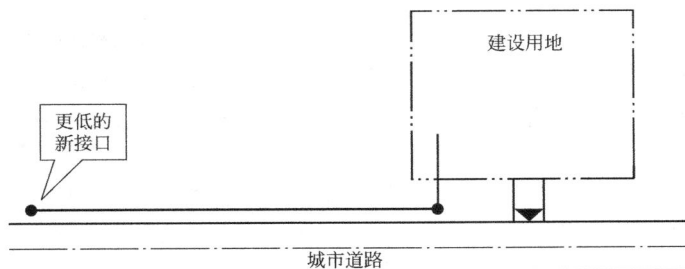

图 4-106　市政接口较深

九、围墙

与围墙相关的因素如图 4-107 所示。

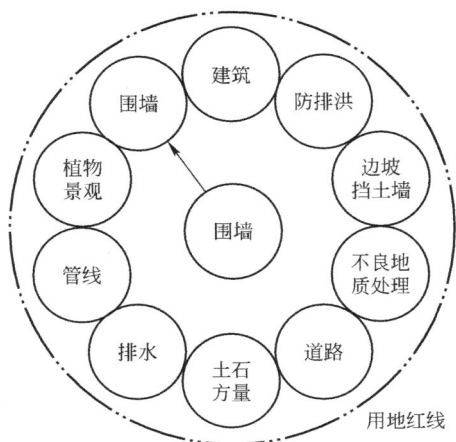

图 4-107　围墙

典故如下：清朝官员张英在老家桐城的老宅与吴家为邻，两家府邸之间有个空地，供双方来往交通使用。后来吴家建房，要占用这个通道，张家不同意，起了争执。在这期间，家人写了一封信给张英求助，张英回信道：千里来书只为墙，让他三尺又何妨？万里长城今犹在，不见当年秦始皇。家人阅罢，主动让出三尺空地。吴家见状，也出动让出三尺房基地，这样就形成了一个六尺的巷子。

一般项目均会沿用地红线修建围墙，别墅则家家有院墙，且组团为了封闭管理，还各有围墙和门卫。丘陵和山地项目，要重视边界的复杂性，协调好与邻地的关系。

十项验证，逐一检查，一个不落。

图 4-108　六尺巷 (来源：网络)

（1）协调项目与周边场地、城市道路、市政管线的衔接关系；

（2）总平面布置是否合理，是否符合使用功能的要求；

（3）竖向布置方案是否经济，道路与建筑物、场地台地的交通组织关系；

（4）防洪排洪、排水防涝处理是否安全可靠，相应工程量的大小；

（5）交通线路及运输组织是否通畅；

（6）主次干道的建筑控制线宽度是否合适；管线是否顺地形按规范布置；

（7）消防安全是否满足规范，绿化景观是否满意；

（8）统计工程量，其数据是否准确，工程项目投资是否经济合理；

（9）施工图设计及施工时可实施性问题；

（10）近期方案设计与远期规划设计是否矛盾。

按规范，对对查。

去"真空"，和为大。

第五讲　多多少少算投资

一、控制因素

资金可以分为易浪费和易忽略的两部分，其构成内容如图 5-1
所示。前期不透，后期失控；把握不住，出事必多。

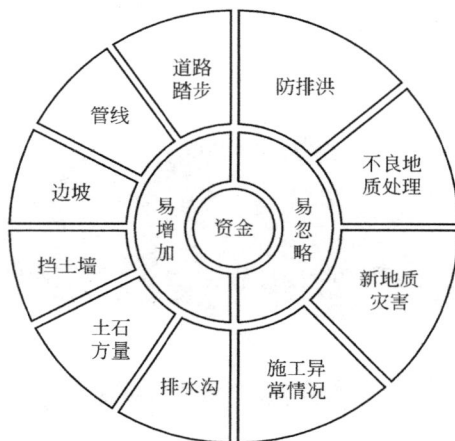

图 5-1　资金控制因素

二、算工程量

各项工程量×单价＝工程造价。

（1）道路长度、铺筑面积、人行道面积

（2）踏步长度

（3）土石方量

（4）场地平整面积

（5）边坡处理面积

（6）挡土墙长度

（7）截水沟、排水沟长度

（8）防洪堤

（9）排洪沟

（10）围墙

> 不算账，怎知晓？
>
> 多少钱，埋地了。

114

第六讲　长长短短省周期

一、多次报建

多次报建大多是因为设计师不熟悉规范规定，没有具体落实国家规范和地方条例，方案和设计的经济合理性差。

二、多次返工

造成设计返工的原因很多，如设计条件变化导致的，设计深度不深不透造成的，也有因设计资料错误造成的。

三、四处打架

方案设计和施工图设计未能统筹兼顾，没有发现问题和解决问题，各个单位、各个专业分工之间存在真空地带，到现场解决费时间，效率低。

设计周期因下列原因被延长（图 6-1）：

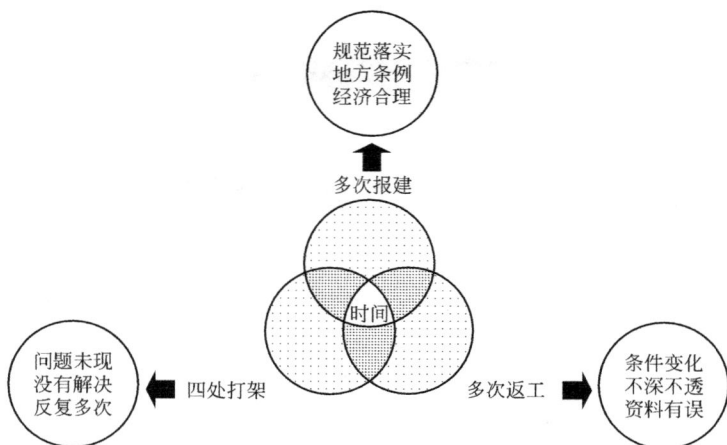

图 6-1　时间控制因素

沉住气，工作细。

不绕弯，省工期。

第七讲　婆婆妈妈调利益

总平面布置图多由建筑师、规划师设计；道路布置图多由市政工程师设计，简单时由建筑师设计；土石方图由总图工程师设计，或者由测量和施工方计算土方量；竖向布置图做得少，无协调优化者，大问题由结构处理，小问题由景观师处理；水道、强弱电、天然气分别设计，管道综合图无协调优化者。

图 7-1　领导要支持

平坦项目难度小，参与的专业可以少；坡地项目难度大，集思广益关键抓。开发商要重视、健全规划建设中的总图管理，委托专业人员进行管理(图 7-1)。

一、利益各异

多专业配合，如总图、建筑、结构、水暖电、景观；

多单位参与设计(设计院或外委设计院)；

多行业：管线垄断行业；

多方面：建设方、设计方、施工方。

总图管理重在衔接、协调、配合，控制室外工程设计品质和工程成本。衔接，是指项目设计过程中各个参与的专业设计领域之间重合交接以及设计真空的地带。协调，即指各个参与专业之间在设计流程中协调，也指不同专业之间具体设计内容的协调。配合，对内作为设计主专业建筑的辅助，在涉及室外工程部分设计时，可以牵头组织设备、结构、园林等专业的设计；对外，是在可能牵扯到第三方设计单位时（园林景观、国外设计单位等），室外工程部分对外提图、设计出图、工作交流的统一对接口径。

二、内容繁杂

工业建设场地总图有一套完整的很成熟的设计管理体系、准确的绘图表现形式和规范化的设计程序，经过五十多年的实践证明行之有效，简言之即合图。

将各个专业最新的施工图有条理、按次序地汇总在一张图上，就能及时发现问题，并在发图之前解决，不在现场修改，从而不耽误工期。

设计管理：合图纠错、会签坐标和标高。

施工管理：分期建设、施工服务、施工交底、施工组织审查、竣工资料汇总。

总图工程师确认：各个专业调整和修改设计内容时，必须经过总图合图后确认是否能够调整，怎么修改工程影响最小或不受影响。施工后发生变化处，要及时掌握信息，汇总内容。要建立会签制度，各个专业发图时，必须由总图专业会签坐标和标高。

管设计，将条件。
路接点，坐标准。
标高查，坡清楚。
众管线，一一查，
合一起，全院用。
管施工，审计划。
临时房，临时路，
合永久，不矛盾。
不超挖，不超填。
若有变，总图改。

三、全程控制

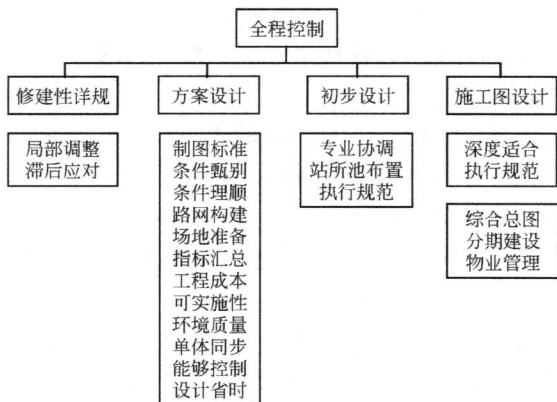

图 7-2　全程控制工程质量

善管理，省大钱。

懂配合，工作顺。

结　语

丘陵山地非寻常，
道路长来管线长。
巨资填挖土方量，
四处护坡挡土墙。
防洪排涝第一桩，
地质处理贵思量。
成本近半场地上，
总体签约最恰当。
工程建设要有方，
利国惠民业荣光！

致　　谢

（以姓氏笔画为序）

王　伟　凯德置地(中国)投资有限公司
王昕禾　中国中铁置业集团有限公司
王治新　远洋地产海南公司
王铁铭　中联西北工程设计研究院
王紫晔　中联西北工程设计研究院
韦　飚　杭州市城市规划设计研究院
石　燕　中联西北工程设计研究院
白红卫　中国建筑设计研究院
刘迎春　富阳天鸿房地产开发有限公司
刘建军　西安经济技术开发区管委会
朱一敏　西安建筑科技大学建筑设计研究院珠海分院 6
苏红翎　西安经济技术开发区管委会
李　靖　西安建筑科技大学建筑设计研究院重庆分院
杨　申　甘肃省工业信息化委员会核应急指挥中心
杨萍惠　西安建筑科技大学建筑设计研究院
吴　琼　中冶华南工程技术有限公司
吴建华　珠海市横琴新区规划国土局
张　芮　中联西北工程设计研究院
张　越　浙江大学城市学院
张　敬　西安建筑科技大学
张　辉　绿地集团延安置业有限公司
张红川　中冶赛迪工程技术股份有限公司
陈　勇　杭州保利新材料有限公司
陈　滨　济南海尔绿城置业有限公司
周文霞　西安建筑科技大学
赵永斌　中冶赛迪工程技术股份有限公司
秋志远　西安建筑科技大学建筑设计院
袁　超　中冶赛迪工程技术股份有限公司
袁承嘉　中冶赛迪工程技术股份有限公司

高健民　中冶赛迪工程技术股份有限公司
黄海波　福建正荣集团有限公司
韩明清　杭州市人民政府城市管理室
戴　锋　济南海尔绿城置业有限公司

谨向新闻摄影、网络文章作者致以崇高的敬意。